捧 读

触及身心的阅读

# 给自己一杯茶的时间

## Teatimes A world tour

### 全球下午茶简史

〔英〕海伦·萨贝 ◎ 著

况 潇 ◎ 译

天津出版传媒集团

百花文艺出版社

图书在版编目（ＣＩＰ）数据

　　给自己一杯茶的时间：全球下午茶简史 /（英）海伦·萨贝著；况潇译. -- 天津：百花文艺出版社，2021.8
　　ISBN 978-7-5306-8128-2

　　Ⅰ.①给… Ⅱ.①海… ②况… Ⅲ.①茶文化 - 文化史 - 世界 Ⅳ.①TS971.21

　　中国版本图书馆CIP数据核字(2021)第131180号

Teatimes: A World Tour by Helen Saberi was first published by Reaktion Books, London, UK, 2018. Copyright ©Helen Saberi 2018
Rights arranged through YouBook Agency, China

著作权合同登记号：图字02-2021-126号

## 给自己一杯茶的时间：全球下午茶简史

GEI ZIJI YIBEICHA DE SHIJIAN: QUANQIU XIAWUCHA JIANSHI

[英] 海伦·萨贝 著

况潇 译

出 版 人：薛印胜
选题策划：唐冠群　胡晓童
责任编辑：张　雪　特约编辑：孟令堃
装帧设计：陈旭麟 @AllenChan_cxl
出版发行：百花文艺出版社
地址：天津市和平区西康路35号　邮编：300051
电话传真：+86-22-23332651（发行部）
　　　　　+86-22-23332656（总编室）
　　　　　+86-22-23332478（邮购部）
网址：http://www.baihuawenyi.com
印刷：天津创先河普业印刷有限公司
开本：787×1092毫米　1/16
字数：350千字
印张：15
版次：2021年8月第1版
印次：2021年8月第1次印刷
定价：128.00元

如有印装质量问题，请与天津创先河普业印刷有限公司 联系调换
地址：天津宝坻经济开发区宝中道北侧5号5号厂房
电话：（022）22458683　邮编：301800

目 录

## Contents

　　这本书的完成唤起我关于喝茶的很多美好记忆。作为一个 20 世纪 60 至 70 年代生活在约克郡的孩子，我记得每当我饥肠辘辘地放学回家后，母亲就会给我沏一杯茶。在那段时间，下午茶（afternoon tea）一般是指傍晚五六点钟的一餐。我们将午餐叫作正餐（dinner），这样的习惯在英国北部流行了很久，至今仍有许多人认为 dinner 便是午餐（在英语里，dinner 通常指晚餐——译者注），而下午茶则是喝茶的时间。通常，母亲会先给我一份餐前点心垫肚子。我最喜欢的是用牛奶煮的熏制鳕鱼，搭配上面包与黄油一起食用，但我也喜欢涂抹着奶酪的吐司、奶酪意面、奶酪花菜、鸡蛋培根派，还有很多其他的美味。夏天的时候我们经常吃沙拉，比如腌牛肉沙拉（一般会加甜菜、生菜、切成薄片的煮鸡蛋、番茄和沙拉奶油）或是午餐肉和火腿沙拉。母亲爱好烘焙，因此我通常还能吃上餐后甜点。在她的烘烤罐中我总能找到杯子蛋糕、覆盆子面包、果酱馅饼和核桃枣糕。我们喝的是一种味道浓烈的印度茶，一般会在茶中加入糖和牛奶。在冬天，我们有时候会坐在温暖的火炉边，吃刚出炉的、冒着热气的黄油烤饼。在有重要客人的下午茶时间，母亲会把她的银质茶壶、牛奶罐、糖罐、糖钳和最好的中国瓷器摆放在她的茶水车上，用茶水车把茶送到前室客人面前。三明治、加黄油和果酱的司康、蝴蝶蛋糕和偶尔出现的马德拉蛋糕切片，被放在茶水车最下层的架子上。母亲有时也会烤上一个巧克力蛋糕或者填满果酱和奶油的维多利亚海绵蛋糕。

　　20 世纪 70 年代，我住在阿富汗，也在那儿度过了一段特别的下午茶时光。嫁给阿富汗人的外国女人们组成了一个被我们称作"外国妻子茶友会"的喝茶圈子。我们在每个月的第一个星期四举办茶会，这为我们提供了聊天的机会。我们在茶会上都力图展现自己祖国的特色美食。举几个例子：来自德国的妻子会为我们准备具有德国风味的蛋糕，比如皇冠蛋糕和奶油蛋糕；来自斯堪的纳维亚半岛的妻子则会准备外馅三明治和糕点；我们英国人一般会做夹着奶油和果酱的司康、巧克力蛋糕和茶点三明治；而美国人会准备天使海绵蛋糕和草莓黄油饼干。我们也会吃一些阿富汗风味的下午茶食物，比如沙蜜烤肉串（shami kebab）——一种将碎肉、土豆泥、豌豆和洋葱制成香肠状后油炸的馅饼，波拉尼（boulani）——一种油炸的咸味带馅糕点，帕克拉（pakoras）——一种将土豆或茄子等蔬菜切成薄片、然后裹上辣面糊油炸的菜式，大象耳朵（gosh-e-feel）——一种撒有开心果粉的酥脆甜点。因此，这样的下午茶形式也是一个文化交融的好机会。

　　不论如何，茶在每次聚会中都是必不可少的。茶的故事始于很久以前的中国。在传说中，某种野生植物的叶子意外地掉入一壶水中，神农尝了之后宣布这种饮品"可以为身体带来活力，使人心情愉悦"，并将其推荐给了自己的臣子。这种野生植物就是"野茶树"。从此以后，伴随着中国的朝代更替，饮茶的习惯也日渐发展。到了公元8世纪，茶叶开始向东传到日本，并在那儿孕育出了高雅的茶道仪式。茶叶也开始沿着古老的商路传到了中国西藏、缅甸、中亚以及更远的地区。茶叶传入欧洲的时间要晚得多，直到17世纪，茶叶才被葡萄牙和荷兰的商人带到欧洲，成为和丝绸、香料一样的奢侈品。之后，喝茶的习惯又从欧洲传到了美国、印度和世界其他地区。

这本书追溯了茶的历史，探索了茶是如何成为仅次于水的全球第二受欢迎饮品。这本书也探讨了产生茶文化的社会因素以及不同地区的人们喝茶方式和搭配食物的不同。

喝茶不是单纯为了享受，也能给人们带来健康的身体以及和谐、宁静的心境。茶有多种泡法，人们可以根据茶的种类、个人喜好使用不同的泡法。今天，茶已经变得非常国际化，无论是在伦敦、汉堡、巴黎还是纽约，人们都能很方便地买到日本茶、韩国茶、昂贵的普洱茶和春摘的大吉岭茶，更不用说还有各种不同风格的茶室和其他喝茶场所可供选择：日式茶馆，中国香港和内地的点心店，中亚的茶摊（chai khana），远东的茶室以及北美、欧洲的豪华酒店。

有些种类的茶和喝茶方式更多地和男性联系在一起，也有一些更受到女性青睐。例如，英国工薪阶层男性比较喜欢浓茶，他们在茶中加入牛奶和大量的糖，装在马克杯中，这种茶被叫作"建筑工人的茶"。而加拿大那些缝纫小组（为慈善事业而定期聚会）的淑女们则会更喜欢像大吉岭茶一样口味清淡的茶，茶水被盛在精致的陶瓷杯碟中。

茶（或者下午茶）这个词也指在一天中人们享受茶饮的时间。这个时间可能在早间或是午后，饮用茶水时会搭配上小零食、饼干或是一片蛋糕。下午茶可以特指发生在下午四五点钟的茶饮，这时会有茶点三明治和小蛋糕来佐茶；也可以指发生在傍晚稍早时候的一顿更为丰盛的餐食，通常也叫作傍晚茶（high tea）——可以替代晚上的正餐，除了茶和糕点以外，还会提供各种热菜。

下午茶也是一种社交活动，不同喝茶方式带来了各具特色的下午茶仪式。将下午茶作为一餐的有英国、爱尔兰和一些英联邦国家（例如加拿大、澳大利亚、新西兰），这些地方的人永远以装着满满家庭自制饼干和蛋糕的烘烤罐而自豪。这本书主要讲的是这些国家的下午茶历史，同时也会讲述荷兰、德国、法国等国家的下午茶传统。在美国，茶室里常见的是美式鸡肉派这类家常食物，并增加了冰茶供顾客选择。在印度，无论是拉吉时期（英国殖民统治时期）还是现在，茶都扮演了一个重要的社会角色，那里的下午茶通常是东西合璧，既有英式蛋糕，也有印式辣味小吃。

世界其他地区的喝茶传统与西方有着很大不同，比如中国西藏的酥油茶和缅甸的发酵茶小吃——勒夫（lephet）。本书还提到了如何泡茶和奉茶的礼节。比如，在俄国以及丝绸之路上的其他国家，烧水工具是一种叫作萨摩瓦（samovar）的茶炊，烧完后将茶水盛在装饰华丽的茶杯中。中国、日本和韩国也有自己独特的饮茶传统。在中国，喝茶被叫作饮茶，通常发生在上午晚些时候或是正午，和茶一起食用的一般是广式点心，通常做成一口大小，十分美味。在日本，茶道仪式前的餐食叫作茶怀石料理。韩国也有自己的饮茶仪式，人们可以享用不同种类的草本茶。本书在最后一章里介绍了世界其他地区的喝茶风俗，包括摩洛哥的薄荷茶，智利的盎司茶（onces）以及巴塔哥尼亚的威尔士茶。我希望这本书不仅能够唤起你关于喝茶的美好回忆，而且能够让你在阅读世界各地的饮茶历史和文化中收获乐趣。

　　当你坐在扶手椅中看这本书的时候，别忘了也为自己泡上一壶最爱的茶。

\* 《宫廷茶会》，凯蒂·香农（Kitty Shannon）绘，1926 年。

\* 查理二世的妻子——布拉干萨王室的凯瑟琳，正在萨默塞特宫举办茶会。

Chapter One

第一章

Britain

英　国

17 世纪 50 年代，茶叶被荷兰贸易商带到英国，并迅速受到英国上流社会富人们的欢迎。到了 18 世纪 50 年代，茶的价格大幅降低，不再只是富人专属，而成为英国各个阶层的首选饮品。茶不仅成为英国社会不可缺少的一部分，而且还塑造了英国人的生活方式。从时尚到装饰艺术，茶在英国人的生活中几乎随处可见。我们甚至可以认为，茶成了英国的标志性符号。

英国著名散文评论家托马斯·德·昆西（Thomas De Quincey）曾这样总结喝茶的乐趣：

在寒冷冬日，每个人都意识到围坐在火炉旁的极乐享受：四点钟的烛火，火炉前温暖的地毯，茶，精致的茶器，拉上的百叶窗，窗帘如绽放的花朵一般垂坠在地板上，此时呼啸的风和雨被阻挡在窗外。

小说家赫伯特（A. P. Herbert）在 1937 年写下一首歌，这首由亨利·沙利文（Henry Sullivan）作曲的歌后来变得非常流行。关于"一杯好茶"对于英国人的重要性，歌词是这样写的：

我喜欢清晨的一杯好茶
为你开启所看到的一天
在十一点半的时刻
我对于天堂的思考
是一杯好茶
我喜欢正餐时候喝一杯茶
我喜欢下午茶时间喝一杯茶
当入睡时刻来临
我常常会说
来一杯好茶

随着喝茶一同而来的，还有英国下午茶和傍晚茶的传统。如今，出门寻一家酒店或者茶室喝一次下午茶，已经成了那些想要感受英国文化的旅行者们的重要一站。

# 早期的饮茶

◆

英国报纸上第一次出现茶的广告是在 1658 年：

> 这种出色并受到所有医生认可的中国饮品，中国人称之为"茶（Tcha）"，
> 其他国家称它为"泰茶（Tay 或者 Tee）"，目前在斯威廷街伦敦皇家交易所
> （Sweetings Rents）旁的苏丹头咖啡屋（Sultaness Head Coffee House）有售。

在 17 世纪的三种异域饮品——可可、茶和咖啡中，英国人最先中意的是咖啡，咖啡屋因此在英国兴起。这些刚刚兴起的咖啡屋同样也把茶介绍给了大众。之后，茶迅速成为英国的国民饮料。艾格尼丝·雷珀利（Agnes Repplier）在她的书《想想茶吧！》（*To Think of Tea!*）中写道：

> 茶以救赎者的身份来到这块急需拯救的陆地。这里充斥着牛肉和麦芽酒，
> 随处可见大吃大嚼和烂醉如泥的人；这里有着灰色的天空和凛冽的大风，也有
> 着神经紧张、头脑固执、思维缓慢的男人和女人。
> 更重要的是，这是一块有着温暖炉火和庇护港湾的陆地。炉火期待着的，
> 正是那些冒着气泡的水壶和香气扑鼻的茶叶。

著名的日记作家塞缪尔·佩皮斯（Samuel Pepys）是茶的早期拥趸之一。他在 1660 年写道："我第一次喝到了来自中国的茶。"7 年后的 1967 年 6 月 28 日，他记录了那天回到家，看到妻子正在沏茶，因为"药剂师佩林先生说这对她的感冒流涕有好处"。

1662 年，葡萄牙布拉干萨王室的凯瑟琳公主嫁给英国的查理二世，这位公主也是茶的拥趸之一，她的嫁妆中甚至还有一箱中国茶叶。据说，她登上英格兰海岸后，要求的第一件事便是给她呈上一杯茶。

凯瑟琳王后奠定了喝茶的时尚。1663 年，诗人和政治家埃德蒙·沃勒（Edmund Waller）在给王后庆生的诗句中这样赞美王后和"最好的草本植物"：

> 维纳斯女神的紫薇，阿波罗神的月桂，
> 在她的眼里，茶超乎二者的尊贵，
> 她是最好的王后，
> 茶是最好的草本，
> 我们应向这个勇敢的国度致敬，

> 这里是太阳升起的地方，
>
> 我们感恩它带来的丰饶物产，
>
> 缪斯女神的伙伴，
>
> 茶确乎是我们美妙的帮手，
>
> 驱散那些氤氲，
>
> 为我们带来灵魂宫殿的安详
>
> 向王后诞辰致敬

早期，这些来自中国的绿茶价格昂贵，只能作为富人的饮品，而且也并非所有人都知道应该如何处理这种来自遥远国度的原料。据说，蒙茅斯公爵（于1685年被处决）的遗孀曾给她在苏格兰的亲戚寄过一磅茶叶，但并未告知沏茶的方法。于是厨师将茶叶煮过后，滤掉了茶水，把它当作菠菜一般的蔬菜端上餐桌。

喝茶的器皿是小巧的无柄小碗，而煮茶的茶壶则是粗陶或者瓷器。最常见的是带青花图案的釉面瓷，它们通常也被叫作"中国货"（Chinaware），这一名称提醒着大家它们来自哪儿。当茶叶与其他奢侈品一起被运到欧洲时，茶壶和茶碗等瓷器被摆放在舱底，而茶叶则放置在上方。这是因为木质船体总免不了会漏水，茶壶和茶碗虽然会被浸湿，但不至于被海水损坏，而珍贵的茶叶必须被保存在上方干燥的环境中。

凯瑟琳王后大概也被用盛在中国瓷器或粗瓷茶壶中的茶水招待过，之后茶壶就变成了银制。目前已知英格兰最早的银制茶壶产于1670年，是由乔治·伯克利（George Berkeley）送给东印度公司委员会的礼物。

茶被引入欧洲将近100年之后，陶瓷生产的秘密才被德国迈森（Meissen）公司发现。迈森公司在1710年生产了第一批瓷器并开始向英国出口。到了18世纪中期，陶瓷生产技术已经在欧洲大陆传播开来。1745年，英国第一家陶瓷生产厂——切尔西（Chelsea）瓷器厂建成，接踵而来的还有伍斯特（Worcester）、明顿斯波德（Minton Spode）和韦奇伍德（Wedgwood），它们都能生产出极为精美的瓷器茶具。

茶在英格兰和苏格兰的王室中一直广受欢迎。摩德纳的玛丽——英格兰国王詹姆斯二世的第二任妻子——在1681年将饮茶习惯带进了苏格兰王室，而后这一习惯在苏格兰迅速流行起来。詹姆斯二世和他第一任妻子的女儿玛丽以及1702年登基的安妮女王，也都保持着饮茶习惯。在安妮女王时期，饮茶作为一种社交活动逐渐发展起来，因此也产生了对于小型活动桌椅和陈列昂贵茶具的瓷器柜的需求。最早的茶具概念便源于她的统治时期。

自从安妮女王在新型茶几旁接受了朝拜，全英格兰的时髦女性都纷纷效仿她从小小的陶瓷杯中啜饮中国茶。安妮女王对于喝茶几乎到了狂热的地步，她甚至不再使用小小的中国茶壶，而改用容量更大的钟形茶壶，因为后者可以一次泡更多茶。

\* 银制茶壶壶身上篆刻着"这个银制茶壶由乔治·伯克利赠送给东印度公司委员会，一个光荣有价值的组织，1670 年"。

# 典雅精致的茶具

◆

\* 布面油画《正在喝茶的英国家庭》，约瑟夫·范阿肯（Joseph Van Aken）绘，1727 年。

左面这幅油画创作于 1727 年左右，描绘了一户时髦家庭围坐在茶几前饮茶的场景。画中人物不仅衣着华丽，使用的茶具也精美华贵，展现了家庭的财富和社会地位。

他们优雅地拿着小巧的中国瓷质茶碗，茶几上摆放着全套银质茶具，包括糖碟、糖钳、热水罐、船形的茶匙托和几把茶匙、水盂、茶壶和放置在它下方用来保温的酒精灯以及茶罐。

由于昂贵且稀有，茶叶总是保存在被称为茶罐或市斤罐（市斤是马来亚的计重单位，相当于 600 克）的中式瓶罐中，摆放在闺房或客厅。

\* 这个造型优美、装饰华丽的茶叶箱主体是雪松木和橡木，外层的镶嵌木包括枫木、硬木、郁金香木、金伍德木、桃花心木、紫心木、冬青木和染色冬青木，两边各放置一个市斤罐，分别装有绿茶和红茶，中央隔间的作用大概是储存糖块或是避免两种茶叶混在一起。1790 年。

这些罐子后来被造型优雅的木质、玳瑁、混凝纸或银质的带锁盒子取代，盒子里同样有不同的隔间来存储各种茶叶和砂糖。这就是后来人们说的茶叶罐。

取茶匙是用来测量茶叶罐中存有的茶叶数量的茶具。当茶叶被装箱进口到英国时，箱子里总会放着一个扇贝壳，用来将茶叶从茶罐中舀出，这便是取茶匙最初的样子。后来出现的取茶匙一般有一个大大的匙斗，匙柄则较短。取茶匙有多种材质——兽骨、珍珠、玳瑁和白银。匙斗的形状和装饰风格从平淡无奇到各式各样充满想象力的设计——叶子状、贝壳状、铲子状甚至骑士帽状，不一而足。

　　杂物匙，也被称为滤渣器，最早可以追溯到 1697 年。那时的杂物匙一般是银质的，匙斗上有小孔，匙柄细长，末端尖。

　　早期通过航船运达英国的中国茶叶通常是不分品级的，大大小小的茶叶叶片混在一起，导致泡茶时茶叶浮在茶水表面，甚至堵住茶壶口。为了避免这种情况发生，女主人会使用杂物匙捞去堵在茶壶口的茶叶。直到 1790 到 1805 年间，人们在壶嘴底部加上滤网后，茶匙才最终取代了杂物匙。

　　18 世纪中叶之前，茶都是被盛在没有手柄的小碗中饮用的，所以那时人们会说"喝碗茶"。直到 1750 年，一个叫罗伯特·亚当斯（Robert Adams）的人在茶杯上设计了手柄。尽管带手柄的茶杯造价高于茶碗，并且在长距离运输中需要占用更大空间，但这一创新受到了当时英国饮茶者的欢迎。相比于茶碗，茶杯使用起来更加方便，而且也不用担心手指被烫伤了。亚当斯设计的茶杯底座稍高，配有茶碟，有人喜欢先将热茶倒在碟子里，把茶晾凉些再喝。这个习惯后来被叫作"喝碟茶"。

　　烧水茶壶的作用是给泡茶的茶壶续水，烧水茶壶放在油灯或火炉上，用来保持水一直是沸的，常见的燃料是樟木，因为它价格不贵而且没什么气味。和银质烧水茶壶配套的茶具包括银质泡茶茶壶、牛奶罐和糖罐。18 世纪 60 年代出现了由木炭加热的茶壶，取代了由酒精加热的茶壶，而谢菲尔德平板式茶壶直到 1785 年才首次面世。

　　茶泡好后会被摆放在茶几上。茶几的出现是在 17 世纪末，1700 年时，英国进口了大约 6000 个漆面茶几；到了 18 世纪中期，伦敦的家具制造商生产出了迎合高端市场的豪华茶几——用黄铜镶嵌的桃花心木茶几。

　　有些人家也会用一种三脚的小桌茶几，这种茶几桌面上有两个隔层用来存放茶叶，另有两个雕花玻璃碗用来把干茶叶混合在一起。这个物件不仅实用，而且可以在女主人招待饮茶和谈笑风生中展现出她挑选家具的品位。

　　尽管仆人会把一切都准备好并在旁边协助，但给客人泡茶和倒茶仍是女主人的工作。绿茶和红

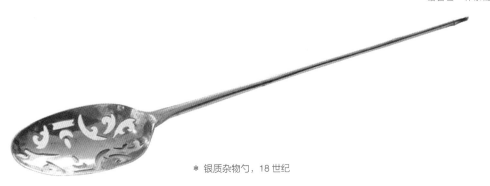

\* 银质杂物勺，18 世纪

茶都相当受欢迎，彼时，人们有时会在茶里加糖（当时也是价格昂贵的舶来品），但往茶里加牛奶还是相当罕见的。男人们总是在人声嘈杂、烟雾缭绕的咖啡馆喝茶，聊些八卦或政治话题；淑女们则会在更优雅的环境中一边喝茶，一边聊天。

当然，也不是所有人都爱茶。例如，循理会运动发起人约翰·卫斯理（John Wesley）牧师在 1748 年曾建议民众彻底戒茶，原因是他认为"喝茶会导致无数种疾病，特别是神经类疾病"。

1757 年，英国旅行家乔纳斯·汉威（Jonas Hanway）在文章中写道，茶"对健康有损, 阻碍工业进步, 并使得国家陷入贫困"。第一本《英语词典》（1755 年）的作者约翰逊博士（Dr. Johnson）也许是所有饮茶爱好者中最负盛名的一位，据说他一天要喝 25 杯茶。他曾站出来为茶辩护，他写道："就让我做一个顽固无耻的饮茶者。那么多年的时间里，唯有茶这种迷人的饮品能为我佐餐。我的茶壶里几乎永远冒着热气。茶为我带来傍晚时分的欢乐，夜深人静的抚慰，陪我迎接每一个黎明的到来。"

约翰逊博士是伦敦那些著名咖啡屋的常客。白天，绅士们在咖啡屋里聊政治、谈生意，他们的香烟和高谈阔论使得这里永远烟雾缭绕、熙熙攘攘。咖啡屋不允许女客进入，但反过来说，也没有淑女愿意踏足此地，她们习惯的饮茶地点是家中。有些咖啡屋会出售散茶，以便客人在家冲泡。托马斯·川宁（Thomas Twining）就非常清楚女客们是不会冒险在咖啡屋喝茶的。1706 年，川宁在河岸街开了一家汤姆咖啡屋，到了 1717 年，这家店更名为金色里昂（The Golden Lyon），开始专营各式各样高品质的茶叶和咖啡。

金色里昂是伦敦第一家茶店，淑女们可以无需顾虑地大大方方进入店中。简·奥斯汀（Jane Austen）也在川宁的茶店中购买茶叶。她在 1814 年写给姐姐卡桑德拉（Cassandra）的信中说："很遗憾听说茶叶价格又上涨了，我打算今天晚些时候去付清川宁的款，那会儿再买新的茶叶。"如果简·奥斯汀去的是河岸街的川宁茶店的话，那她当年穿过的那扇店门和今天的几乎一模一样，没有什么改变。

在 1784 年之前，茶叶一直被征收重税，因此饮茶大都只是富人们的消遣。所以茶叶走私盛行，掺假也并不鲜见。那些守法茶叶商人的利润空间被走私者大大压缩，于是他们开始向政府施压减税，当时的首相小威廉·皮特（William Pitt the Younger）将茶叶税率从 119% 一下子降到 12.5%。从此以后，茶叶不再是奢侈品，走私行为也几乎一夜绝迹。

\* 花梨木材质茶几，雕花木制基座，收藏于诺福克郡的菲尔布里格庄园，1820 年。

# 茶会花园

◆

  茶叶价格降低后，中产阶级也逐渐养成了饮茶习惯，茶取代了早餐的麦芽酒和其他时间喝的杜松子酒，成为英国最受欢迎的饮品。男士们甚至不再钟爱在咖啡屋喝咖啡，开始与家人一同在花园（通常被叫作茶会花园）中闲坐饮茶。大型茶会花园里种植着灌木和各类鲜花，修建有水池、喷泉和雕像。人们可以坐在树荫下一边饮茶，一边吃蘸着黄油的面包。茶会花园最早于 1661 年出现在泰晤士河南岸的沃克斯豪尔（Vauxhall）。到了 1732 年，这些花园不断扩建，逐渐成为一道景观。乔治四世在还是摄政王的时候经常来此地游览，霍勒斯 · 沃波尔（Horace Walpole）、亨利·菲尔丁（Henry Fielding）、约翰逊博士（Dr. Johnson）和他们的文人朋友也常在此流连。后来，伦敦陆续出现了其他茶会花园，有名的如拉内拉赫花园（Ranelagh）、马里波恩花园（Marylebone）、库珀花园（Cuper's）以及名气稍逊的罗瑟希德区的圣海伦娜花园和伊斯灵顿区的露丝玛丽花园。除伦敦外，英国其他地方也开始出现茶会花园。

  每年的四月到九月，茶会花园为各个阶层的人们提供户外娱乐场所，这里除了茶和甜点外，还有音乐、魔术、杂技、烟火、骑马、保龄球等各种各样的娱乐活动。利奥波德·莫扎特（Leopold Mozart，著名作曲家莫扎特的父亲）记录了在拉内拉赫花园游玩的经历："每个人只需要支付半个英镑的入园费，就可以任意享用黄油面包、咖啡和茶。"

  令人略感遗憾的是，随着伦敦的极速发展以及狂欢主义的到来，茶会花园逐渐关闭，此后，饮茶活动又重新回到了家中。

* 《茶会花园》，乔治·莫兰（George Morland）绘，1790 年。
这幅画描绘了一个中产阶级家庭在拉内拉赫花园饮茶的场景。

# 摄政时代

摄政时代可以指代好几个时间跨度。狭义上的摄政时代（1811—1820）指的是乔治三世因为精神状态被认为不适于统治，而由他的儿子——当时的威尔士亲王担任摄政王的时期。但我们习惯将1795年至1837年这段时间称为摄政时代，因为这个时期的英国在建筑、文学、时尚等领域都有着鲜明的特征。

在这个时期，人们一般会在早餐时和晚餐后喝茶，被称作"routs"（本意为一种在晚会中常见的蛋糕，形状类似小饼干）的晚会在这一时期广泛流行。玛丽亚·伦德尔（Maria Rundell）在她的烹饪书《一种新的家庭烹饪体系》（*A New System of Domestic Cookery*，1806）中记载了 routs 的食谱：

> 将 2 磅（约 907 克）面粉，1 磅（约 453 克）糖，1 磅洗净晒干的葡萄干搅拌混合，加入 2 枚鸡蛋，1 大勺橙花水，1 勺玫瑰花水，1 勺甜酒，1 勺白兰地使面粉变成硬糊状，倒入沾有面粉的锡盘中，烘烤时间不宜太长。

简·奥斯汀习惯在早餐时和晚餐后喝茶。那时男人们会一起喝茶，吃点心，聊天，打牌或演奏音乐。她笔下的人物也爱喝茶。比如《曼斯菲尔德庄园》中的女主人公范妮·普莱斯（Fanny Price）为了尽可能躲避向她求婚的亨利·克劳福德（Henry Crawford），巴不得能够早点喝上茶。范妮只想要逃回自己的房间，但社交礼仪不允许她在喝茶前离开：

> 范妮简直再也坐不住了，恰在此时，一阵越来越近的脚步声给她解了围，她早就盼着这脚步声了，总在奇怪为什么还不出现。一群人庄重地走出来，有端茶盘的，提茶水壶的，拿蛋糕的……把她从痛苦的身心围困中解救了出来。克劳福德先生不得不挪了个位置。

# 下午茶的历史

> 人生中没有什么比花上几个小时享受下午茶更让人惬意的事情了。
> ——亨利·詹姆斯（Henry James）《一个贵妇的画像》

尽管大家通常认为下午茶的传统应该归功于维多利亚女王的女侍臣之一——第七代贝德福德公

爵夫人安娜·玛利亚（Anna Maria），但也有证据表明从 18 世纪 50 年代起，伴着面包、蛋糕这些小点心饮茶的传统就已经出现了，当时在包括牛津、巴斯在内的英国主要城市，报纸上已经开始刊登下午茶广告。下面就是一则刊登在 1766 年的《巴斯纪事》（Bath Chronicle and Weekly Gazette）上的广告：

> 春日花园现已开放接待早餐和下午茶，除周日外，每天早晨九点半到十点半供应小面包和春日花园蛋糕。

不过，直到 1817 年，简·奥斯汀去世 25 年后，下午茶的时间才被固定在下午四五点钟。这段时间里，英国发生了巨大的社会变革。正餐的时间推迟到了傍晚，有时甚至要到晚上八九点钟，午餐则变成了一顿简餐。

据说，在午餐和正餐之间的这段漫长时间里，贝德福德公爵夫人就会饿得要命，她形容那是"一种下坠的感觉"。因此，除了喝茶之外，她还会吃些别的（松软蛋糕或黄油面包）来填饱肚子。她在温莎城堡写给妹夫的信中（1841 年）提到："我忘记说了，有一天下午五点，我的老朋友埃斯特哈兹王子（Prince Esterhazy）来做客，我们一起喝茶，不过我记不清当时是不是还有其他八位女客在场了。"这位公爵夫人住在拉特兰的贝尔沃城堡时，也会经常邀请朋友来她的闺房喝茶。女演员范尼·肯布勒（Fanny Kemble）在 1882 年出版的自传中回忆了她在 1842 年 3 月受邀前往贝尔沃城堡的情景：

> 我第一次喝到下午茶就是在这次贝尔沃城堡之行。我在好几个场合都收到了公爵夫人私下略带神秘的邀约，在前往她的城堡后，才发现公爵夫人和一小群经过她仔细筛选的女客正为了泡茶和喝茶忙碌。我简直不敢相信这项如今早已成为英国文明史一个篇章、风靡全球的"五点茶"竟然来自这项非常私人甚至可以说有点丢脸的活动。

从范尼·肯布勒的描述中也可以看出，下午茶活动在很长时间内保持着些许神秘感。1758 年 10 月的《绅士杂志》（The Gentlemen's Magazine）上写道：

> 在英国中下阶层，下午茶被批评为一种费时费钱的活动，那些喝下午茶的人只是为了八卦、诽谤或者从事其他阴谋诡计。

在 18 至 19 世纪的非正式茶会（kettledrum）中，人们总是喜欢聊一些八卦。在茶话会上，人们不仅会喝茶，也会喝可可，吃蛋糕和三明治。

* 钢笔墨水水彩画《茶会上的女士们》，托马斯·罗兰森（Thomas Rowlandson）绘，1790—1795 年。
* 画上写着："您还要再喝一杯吗？"

那时另一项有意思的活动是通过茶叶渣占卜。

### ※延伸阅读：如何阅读茶叶

茶叶阅读也被称为茶叶解读术或茶叶占卜术。"茶叶占卜"（Tasseomancy）这个词最早源于阿拉伯语单词"杯子"（tassa）和希腊语单词"占卜"（mancy）。和茶叶一样，茶叶占卜最初也源自古代中国，但后来更多地和罗姆人联系在一起，并伴随着罗姆人的迁徙散播到世界各地。早在17世纪，茶叶阅读（或者叫茶叶算命）就经欧洲大陆从中国传到了英格兰。到19世纪50年代，茶叶算命作为一种占卜吉凶的方式开始流行起来，占卜师通过观察杯子里茶叶形成的图案，然后运用联想将茶叶形状与人的祸福联系起来进行解释。

要阅读茶叶，首先必须用散茶泡一壶茶，然后将茶水连同茶叶一起倒入茶杯中。询问人必须一面许愿，一面慢慢饮用杯中的茶水，直到只剩下一勺茶渣，然后用左手握住杯子逆时针旋转三次。接下来，将杯子翻转倒扣在碟子上，杯柄方向必须对着询问人。这时占卜师会用双手捧起杯子，检视茶叶形成的图案或者符号。这时候，就需要运用想象力和直觉来对形成的图案进行解读。靠近边缘的茶叶意味着最近将要发生的事情，留在杯底的茶叶则预示着坏消息或者未来会发生的事情，靠近杯柄的茶叶则和家中发生的事情有关。

需要记住的是，对任何一个形状或者符号的解读都会受到周围其他形状的影响，因此必须将所有形状结合起来。预示好运的形状有星形、三角形、树形、花形、皇冠形和圆形；预示厄运的形状有蛇、老鹰、十字架、猫、枪和笼子的形状。

直到今天，茶叶占卜在爱尔兰、苏格兰、加拿大和美国等地还非常流行。无论你相信与否，茶叶占卜都可以作为一件充满乐趣的事情和家人朋友一起分享。我记得以前，妈妈总是在阴暗寒冷的冬季下午茶时间，借着给我们占卜来逗我们开心。她很擅长做这些，给我们带来了不少欢乐。

占卜中的形状多种多样，含义也大不相同。下面列举的是我在写这本书时最喜欢的一些形状和它们的意思：

锚——旅途或成功

书——启示

云朵——疑虑或问题

十字架——痛苦

马——雄心壮志

梯子——前进

山——艰难前行

星星——好运气

棕榈树——创造力

车轮——进步的标志

风车——努力换来的成功

"AND TRUE-LOVE KNOTS LURKED IN THE BOTTOM OF EVERY TEACUP"
FROM THE PAINTING BY H. GARLAND EDWARDS, R.A.

\* 解读茶叶的占卜师，1894年。

\* 《骑士桥（Knightsbridge）的茶话会》，1871 年。

\* 在茶话会上，绅士和淑女们坐在一起，互相聊着八卦。

到了 19 世纪 50 年代中期，下午茶真正成为英国传统的一部分，开始被各个阶层的女主人接受。下午茶作为一项受到尊敬的活动，场所转移到客厅。乔治·希特维尔（Georgiana Sitwell）写道：

> 直到 1849 年或 1850 年，在那些习惯七点半或者八点才吃晚餐的时髦人家里，在客厅举办五点茶会成为惯例。我的母亲是第一个把这个习惯带到苏格兰的人，她受到了亚历山大·罗素勋爵（Lord Alexander Russell）的影响。有段时间，罗素勋爵和我们一起待在巴尔莫勒尔，他告诉我们，他的母亲贝德福德公爵夫人在沃本修道院（贝德福德公爵宅邸）的时候，总是习惯喝下午茶。

下午茶作为一个社交场合（尤其是对女性来说），变得越发精致。没过多久，几乎所有时尚的社交圈里都可以见到人们一边喝着茶，一边吃着蛋糕或三明治。点心一般都做成小小的一个，刚好够填补晚餐到来前的饥饿。当然，也不是人人都热衷于此。亨利·汤普森爵士（Sir Henry Thompson）在《食物与喂养》（*Food and Feeding*，1901）一书中写道：

> 下午茶这个新近发明，不管怎么说也不能真正和一顿饭相提并论，现实生活中，它顶多算是大家为了和和气气聊八卦而找的借口。

在冬天，人们习惯坐在火炉边喝味道浓郁的阿萨姆红茶，吃热烘烘的肉桂吐司、黄油烤饼和口感浓郁的水果蛋糕。而在夏天，人们更喜欢口感清淡的格雷伯爵茶和锡兰茶，搭配口味清淡的维多利亚三明治蛋糕（一种夹有果酱或奶油的海绵蛋糕，得名于同样喜欢下午茶和茶点的维多利亚女王）。其他在下午茶时间供应的蛋糕还包括小巴尔莫勒尔蛋糕、马德拉岛蛋糕或果仁蛋糕。

在整个维多利亚时期直至第一次世界大战前，麦芬都非常受欢迎。卖麦芬的小贩会在下午茶时间摇着铃铛走街串巷，篮子里是用绒布包好的热气腾腾的麦芬。烤制麦芬的发酵面团中加入了牛奶和黄油，赋予麦芬一种海绵状的轻盈质地。面团一般被放在饼铛上烘烤，这使得麦芬的顶部和底部呈现焦黄色而四周则是白色。在招待客人的时候，主人会将麦芬切成两半，中间抹上黄油，

\* 《卖麦芬的人》，1841 年。

\* 商贩一手斜挎装有麦芬的篮子，另一只手中握着吸引顾客的铃铛。

再将两半合在一起保温存放。维多利亚时期的著名记者亨利·梅休（Henry Mayhew）在《伦敦劳工和伦敦穷人》（*London Labour and the London Poor*，1851）一书中引用了一位麦芬小贩的说法，麦芬销量最好的地方是郊区：

> 麦芬销量最好的地方是在哈克尼路、斯托克纽因顿、波尔士庞德和伊斯灵顿附近，银行的绅士们大多住在那里，他们每天下午都会回家喝下午茶，他们的太太们会准备好麦芬迎接他们。

三明治也成为下午茶不可或缺的组成部分。三明治这个名字来自第四代三明治伯爵约翰·孟塔古（John Montagu）。据说有一天伯爵忙得顾不上吃晚餐，于是嘱咐仆人们给他准备些冷牛肉，他把牛肉夹在两片面包中间用来充饥。最常见的版本是当时伯爵正在牌桌上忙得不可开交，还有一个版本说这位时任第一海军大臣的伯爵当时正在处理紧急公务。到1840年左右，三明治这种食物变得家喻户晓。在维多利亚时代早期，三明治中间一般会夹上火腿、牛舌或者牛肉，黄瓜在那时还被认为是有毒的，所以没人往三明治里放黄瓜。但黄瓜三明治最终还是受到了大家的喜爱，甚至被推崇为下午茶不可缺少的食物。

下午茶时人们也同样钟爱小饼干。一开始，下午茶饼干（黄油饼干、杏仁饼干、手指饼干）一般是自制或者从附近糖果店买的。到了19世纪中期，饼干开始在工厂量产。亨特利和帕尔默斯公司（Huntley & Palmers Co.）就是当时的一家饼干制造商，这家公司在19世纪30年代末已经能够生产超过20种不同种类的饼干，涵盖了硬饼干、奥利弗饼干、薄脆饼干、蛋白杏仁饼、杏仁小甜饼、海绵蛋糕等种类。皮克·弗雷斯公司（Peek Freans Co.）从1861年开始生产加里波底饼干，这家公司之前曾叫作皮克兄弟公司（Peek Brothers & Co.），主要做的是茶叶进口生意。工厂制造的饼干不仅帮家庭主妇们节省了大量时间，花费也比她们自己烘焙要低得多。

这一时期的下午茶以印度茶和中国茶居多。印度茶于1839年进入英国，比锡兰茶早40年。在1720年以前，往茶里添加牛奶和奶油虽然时有发生，但并未普及。牛奶和糖的加入可以中和印度浓红茶的苦涩。

关于添加牛奶的顺序一直以来都有很多争论，有人说应该先往瓷杯中倒入牛奶，这样就可以防止瓷杯上出现小裂纹。维多利亚时代的礼节则要求先将茶水注入茶杯中呈给客人，客人可以按照需要往杯中加牛奶和奶油。乔治·奥威尔（George Orwell）毫无疑问属于后加牛奶派，他在1946年1月为《伦敦标准晚报》（*The Evening Standard*）撰写的文章《一杯好茶》（*A Nice Cup of Tea*）中写道：

> 我认为应该先加入茶水，而这正是最具争议的一点。事实上关于这个问题，在英国家庭中大致分为两派。先加牛奶派貌似给出了强劲有力的论据，但我坚持我的观点无懈可击。如果我们先将茶水倒入杯中并搅拌，那么我们就可以准

确估计应该加入多少牛奶；如果先往杯里倒入牛奶的话，那茶水加多还是加少
就没法控制了。

直到现在，英国人在这个问题上也没能统一，关于这个问题的争辩也将一直持续下去。

\* 装饰华丽的维多利亚时期三明治蛋糕钳

\* 19 世纪意大利的茶叶过滤器

精美的银质或骨瓷茶具、蛋糕架、三明治托盘、糖钳和茶叶过滤器成为当时的时尚风向标。茶水车（有时也被称作展示茶车或茶车）上放置着昂贵的茶具，用于向客人展示。从外观上看，茶水车只是一个带脚轮的服务推车，一般分为上下两层，它不仅能够用来展示茶具，也可以用来摆放茶水、蛋糕和三明治。

茶桌上一般铺绣花或蕾丝的餐桌布，摆放着餐巾。下午茶开始成为社交拜访活动中最常见的方式，同时也被当成一个特殊场合对待。比顿夫人（Mrs Beeton）在她写的《家庭管理之书》（*Beeton's Book of Household Management*，1861）中这样描述男仆的责任：

> 一旦客厅中的摇铃声响起，男仆就会捧着已经事先摆好奶油和糖、茶和咖啡的托盘走进来，一一向各位宾客奉上，另一名仆人则奉上蛋糕、吐司或饼干。
>
> 如果只是一次普通的家庭聚会，倒茶和咖啡的工作应该由女主人完成，而男仆应该协助她奉上茶壶、咖啡壶和热水壶。喝茶环节结束后，仆人应该向客人们奉上吐司或者其他食物，礼节和前述类似。

\* 华丽的维多利亚时代银糖钳

如果在下午茶时间摄入过量固体食物而导致消化不良或是坏了晚餐的胃口，下午茶倒变成了一件坏事。因此下午茶时间最不受欢迎的食物是甜腻的蛋糕、热热的黄油吐司和麦芬，尽管有时候这些食物也会被摆上桌。饮用下午茶的时候，大多数人都会避免在茶水中加糖和奶油，因为糖和奶油给胃部带来的负担要比茶水本身大得多。有时，人们会在碟子中放一块柠檬，因为柠檬皮的香气和微酸的味道可以很好地和茶的清香融合在一起，完全不会掩盖住茶本身的味道。

# 五点茶、家庭茶会和茶话会

♦

正式茶会在维多利亚时代开始流行，人们通过口头或者请柬发出茶会邀约，受邀的宾客们也不需要给出回答，大可以想来就来。关于下午茶的正确时间，有几种不同的建议。玛丽·贝亚德（Marie Bayard）在《礼节提示》（*Hints on Etiquette*，1884）一书中建议"最佳下午茶时间应当是下午四点到七点"，也有人认为下午五点钟才是最佳时间。主人们并不指望宾客们待满整个茶会时间，自由来去并不失礼。实际上大部分客人会在茶会待上一个半小时左右，不过逗留的时间不超过七点倒是大家的共识。

富人们兴许是受到维多利亚女王的影响，开始邀请宾客参加更为大型且更为正式的下午茶（家庭茶会或茶话会）。这种茶会最多可以承接 200 个宾客，时间通常是从下午四点到七点，在此期间，宾客自由来去。女客一般会在绅士陪同下来到摆放点心的长桌前。待客的茶和点心也会更为高级，通常是以自助餐形式提供鹅肝、三明治（鲑鱼三明治、黄瓜三明治等）、各式蛋糕（玛德琳蛋糕、重油蛋糕、小蛋糕等）和饼干（法式小杏仁饼、蛋白杏仁饼等）。仆人们会送上红葡萄酒、香槟和茶。那些格外富裕的家庭还会请来专业音乐家和歌手表演。

康斯坦斯·司普里（Constance Spry）在她的作品《厨师，请到花园来》（*Come Into the Garden, Cook*，1942）中，描述了自己在成长过程中关于家庭茶会的难忘记忆：

> 家庭茶会的规矩真是个顶个的复杂。桌布必须是格子花纹；蛋糕架的手柄要用缎带包住；蛋糕架必须有好几层；只能虔诚地叫茶会主人的昵称；提供的食物既不能全部是自制的，也不能全部从市场买；玩牌之前需要经过一套复杂的仪式；小白手套是必须有的；对于女客来说，头发是她最大的荣耀，每一个女客都在头发上费尽心思；冰丝衬裙发出沙沙声，面纱被扭曲成连最优秀的水手也说不出名字的结，巨大的羽毛围巾将女客们的脸衬托得既魅惑又柔情。
>
> 家庭茶会一般会安排在每月的第二个星期二或者第四个星期四，也可以是其他任何时候。这一天显得很与众不同——从清晨起床就能感受到茶会的气氛。厨房里正热火朝天地忙碌：炉火在咆哮，烤箱已经滚烫，没有一个人会说一句废话。
>
> …………
>
> 厨师们会回到他们住的阁楼给自己好好洗个澡，他们用黄肥皂洗脸，将头发全部梳高，穿上黑色燕尾服。不同等级的厨师帽子会有所不同，越是重要的场合，帽子后面的飘带就越长。
>
> 在客厅里的那些人当然要花更长的时间梳洗装扮，但在我们眼里，没什么

比戴一顶上好的帽子看起来更明智的。淑女们从楼上款款走下来了，穿着盛装，发型华丽……

宾主之间有一种默契，客人在某个时间点前到达是失礼的行为。当那个神秘的时间点到来之后，门铃就开始响个没完没了。我们这群孩子倚靠在栏杆上就能看到女士们围着的羽毛围巾，听到沙沙的声音，就知道宴会还在进行。

……………

我见过戴白色手套的女士是如何一边保持杯碟的平衡，一边拨开打结的面纱，把黄瓜三明治丝毫不差地送进嘴里。

精心准备的食物、质量上乘的茶具和优雅的环境使得这些家庭茶会变成了一个特殊的盛会。正如康斯坦斯在她的书中所写的那样，女士们的时髦着装也是家庭茶会与众不同的原因之一。

茶会礼服出现于 19 世纪 70 年代，之后尽管在款式上有些调整，但直到 20 世纪 10 年代都非常流行。茶会礼服被认为是在下午茶接待客人时的适当服装。1890 年，《美丽与时尚》杂志（*Beauty and Fashion*）曾经就这个问题给过女主人一些建议：

对于女主人来说，下午茶最重要的事情是茶会礼服的选择。如果她的礼服制作精美，茶会会显得更加香甜，茶杯也会显得更加精致。一件精美茶会礼服的重要性完全不亚于茶水本身。只要女主人知道自己选对了衣服，只要茶会礼服上那些精巧的蕾丝花边和柔软的丝绸能够经得起朋友们的检验，她和朋友的交谈过程中就会弥漫着一种让人着迷的满足感，她的举手投足也会变得更加亲切可爱。

与晚礼服或日装不同，穿茶会礼服时不必搭配紧身胸衣，因此摆脱鱼骨衣束缚的女士会更加轻松和舒服。茶会礼服介于便服和正装之间，这也意味着茶会是一种介于私人生活和社交领域之间的活动。多数茶会礼服的材质是百褶雪纺或真丝薄纱，用蕾丝或缎带镶边，用水晶、黑玉或金色流苏作为装饰。宽松的款式和女性化的设计，更能衬托出女士的优雅气质，让她们在行走时摇曳生姿。

茶会礼服通常会搭配别致的手套、阳伞、华丽的帽子和小手包。社交礼仪并不要求女士一定要戴手套，但在宾客人数较多的场合，女士还是会戴，而且对于手心容易出汗的女士来说，戴上手套更能避免尴尬。下午茶舞会上，女士在跳舞时不应该把帽子摘下。

\* 一战期间的《女王杂志》插图，三位女性展示了当时流行的茶会礼服。

1914 年，随着第一次世界大战的爆发，爱德华黄金时代的优雅与奢靡开始落幕，人们的生活方式也发生了永久性改变。茶会礼服慢慢消失，取而代之的则是茶会裙或鸡尾酒会礼服。比顿夫人在《关于烹饪的一切》（*All-about Cookery*）中，描绘了 20 世纪 30 年代的一场"没那么盛大"的家庭茶会：

> 侍者们把茶摆放在小矮桌上，并要确保离女主人近一些，这样她在为客人倒茶的时候会比较方便。这种类型的茶并不需要碟子，因此侍者们在确认一切就绪后，就会离开宴会，让在场的绅士们来提供其他必要服务。
>
> 茶具通常被放在一个银托盘上，盛热水的银质或瓷制茶壶立在架子上，所有茶杯都是小小的。提供的食物只有薄面包片和黄油、三明治、蛋糕、花式小蛋糕，有时也会有些时令水果。所有食物都被精心摆盘，用蕾丝花边进行装饰。

TEA TABLE.

\* 比顿夫人的茶桌，1907 年。

### ※延伸阅读：小胡子杯

同样是在这个时期，英国人发明了小胡子杯。维多利亚时代的男士们热衷于打理自己的小胡子，男士们甚至会给小胡子上蜡定型。这给喝茶带来了一定的困难：胡须蜡会被茶水的蒸汽熔化，直接滴进茶杯中。这样一来，胡子也会变得湿漉漉的。小胡子杯的发明者是 19 世纪 60 年代一个叫哈维·亚当斯（Harvey Adams）的陶匠。小胡子杯有一个半圆形的横档，用来保护胡须，横档上有一个半月形的开口可以使茶水通过，喝茶的时候就不用担心胡子被打湿了。这项发明风靡了整个欧洲大陆，甚至传到了美国，梅森（Meissen）、利摩日（Limoges）等有名气的工厂也开始生产小胡子杯。

\* 玛黑兄弟茶店（Mariage Frères）的小胡子杯，现收藏于法国巴黎的茶具博物馆。

## 傍晚茶，鱼茶和虾茶

◆

　　和下午茶一样，傍晚茶的出现也与社会变革有关。在 17 至 18 世纪，大部分英国人都从事农业生产，因此正餐一般会安排在中午，晚上只有一顿简餐。工业革命后，中午吃上一顿热食变得没那么方便，矿工和工厂工人们需要一顿丰盛的晚餐来慰劳一天的辛勤工作，晚餐间隙喝上一杯浓郁香甜的奶茶也是十分必要的事情。1784 年开始实行减税法案后，茶叶价格大幅度降低，再加上 19 世纪中期，英国开始从印度进口售价更低的茶叶。工人阶层也可以将茶叶作为他们的主要饮料了。傍晚茶的时间通常是在下午六点左右，一般被叫作"高茶"或"肉茶"，有时也被直接称为"茶"——这种叫法在英格兰北部多矿山和工厂的地区十分常见。

　　"高茶"的说法从何而来呢？根据食物历史学家劳拉·梅森（Laura Mason）的说法，"高"在 17 世纪实际上是富饶的意思，因此"很有可能最开始的高茶指代的是比后来的高茶更丰富的餐食"。也有人认为"高茶"指的是人们是站在高桌旁边喝茶，"高"将它和在矮桌前饮用的下午茶区分开来。

　　比顿夫人在《家庭管理之书》中对这个问题进行了一些说明：

这两种喝茶的方式都是存在的，下午茶一般是晚饭时间比较早的大家庭的饮茶方式，而傍晚茶则是为晚饭时间比较晚的人们准备的。英国的下午茶和早餐很类似，唯一区别是在供应的食物中加入了更多蛋糕之类的甜点。傍晚茶则会供应更多肉食，它更像是茶"餐"……下午茶一般只提供茶、黄油面包，一些格调高一点的下午茶会上也可能会提供蛋糕和水果。

傍晚茶最典型的食物是火腿之类的冷盘肉（有时也会有煎鸡蛋），所以也被戏称为"火腿茶"。除此之外，香肠、奶酪通心粉、威尔士干酪、腌鱼、馅饼、奶酪、蛋糕、饼干也很常见，碰上节庆日，餐桌上也会有其他美食，如烤猪肉、鲑鱼、乳脂松糕甚至果冻。食物的种类在不同场合和不同家庭各有不同。如果是招待来自田间劳作者的家庭式"农家茶"，茶会上提供的多是一些能带来饱腹感的食物，用来满足农家人的好胃口。空气中充满了烘焙的香气，桌上摆满了蛋糕、饼干、司康、小圆面包、新烤制的配上黄油的面包、果酱、蜜饯、自制熏鱼酱或熏肉酱。

另一种的饮茶活动叫作"鱼茶"。玛格丽特·德拉布尔（Margaret Drabble）在《海中淑女》（*The Sea Lady*，2006）一书中描绘了在 20 世纪 50 年代很常见的海滨招待所。这种招待所的收费一般同时包括早餐和鱼茶。鱼茶指的可能是炸鱼薯条，或者拌上土豆泥和香芹酱的煮鱼。

多萝西·哈特利（Dorothy Hartley）在《英国美食》（*Food in England*，1954）中还提到了"虾茶"：

> 不远处有一个小屋子的招牌上写着"虾茶"，我们穿过一个通往石板铺就的院子的边门……那儿摆着三张看起来很结实的木质圆桌，上面铺着白色桌布，靠着圆桌的是 12 张看起来同样结实的方形木凳。你向门口走去，一边向贝特茜说着"我们来了"，然后坐下"加入进来"。
>
> 贝特茜陆续端来了裹着羊毛保温套的茶壶、糖、奶、一套杯碟，以及两个大盘子——一个装着黄油，一个装着白面包和黄油面包切片；另外还有两个大盘子，绿色的大盘子里装着西洋菜，粉色的大盘子里则装着虾。除了这些就只有一个盐罐和一只知更鸟。然后你就"开吃"了。
>
> 这个时候，贝特茜又一次走了出来，她的黑裙子外面围着白围裙，她拿起茶壶续上热水，问你是否还想要点面包（你总是这样）。你一边吃着面包，一边聊得火热（关于虾茶你总有说不完的话），知更鸟在桌上跳来跳去。

威尔士人还有"鸟蛤茶"，贾斯蒂娜·埃文斯（Justina Evans）这样回忆她小时候和食物历史学家艾伦·戴维森（Alan Davidson）一起度过的"鸟蛤茶"时光：

> 下午茶的食物有鸟蛤、滨螺和贻贝。鸟蛤是我们从卡马森附近的小渔村费

里塞拾到的，然后我们把鸟蛤放在一大碗盐水中浸泡上一整夜。

到了第二天，我们会把水龙头打开继续冲洗鸟蛤中残留的泥沙。接下来，把它们放在平底锅中煮熟，鸟蛤的壳就会全部打开。上菜的时候准备两个碗，一个用来装做好的鸟蛤，另一个用来装吃完后的壳。搭配鸟蛤一起食用的一般是自制面包配咸味威尔士黄油。

用盐、胡椒和醋腌制的鸟蛤是另一道下午茶美食，有时候会撒上燕麦片然后与培根一起炸熟。

我们把吃完的鸟蛤壳洗净，晒干碾碎后撒在后院让家养鸡啄食。

鸟蛤派、鸟蛤炒鸡蛋也很受欢迎。

在喝茶时，烘焙食物一直是不可或缺的存在，19 世纪又涌现出了很多新的食谱，包括瑞士挞、核桃蛋糕和巧克力卷。大量家庭开始自制各类烘焙食物，以便在下午茶和傍晚茶中享用。食物历史学家劳拉·梅森（Laura Mason）认为发面饼、五香水果面包、乳脂松糕、重油蛋糕、果仁蛋糕、果酱挞等食物的出现都可以追溯到更早的年代。

梅森还分析了 19 世纪家庭烘焙兴起的原因。她认为其中一个原因是面粉和糖这两种主要原材料价格下降，供给增加。比传统发酵方式（用酵母和鸡蛋发酵）更省时省力的发酵粉在 19 世纪中叶也开始被广泛使用。带一体式烤箱的铸铁灶具也开始普及，这从另一方面带动了家庭烘焙的发展。还有一个原因可能是罐装食物的出现。1864 年，第一瓶鲑鱼罐头出现在美国加利福尼亚州，到了 19 世纪末，英国已经可以见到各式各样的罐装食物。鲑鱼罐头和黄桃罐头被视为生日或者周日茶会才能享用的特别食物。

这里引用玛丽安·麦克尼尔（F. Marian McNeill）在《苏格兰厨房》（*The Scots Kitchen*，1929）一书中的说法："苏格兰茶桌的完美程度只有苏格兰早餐餐桌可以与之相提并论。"苏格兰的家庭主妇们展现自己高超技艺的方式是烘焙出各种各样的食物，如燕麦薄饼、司康、苏格兰热香饼、黄油饼干、燕麦饼、蛋糕和茶点面包等等。除了甜点和一大壶茶以外，桌上也会摆放咸味食物——冷火腿、肉馅饼、黑白布丁（带有薯条）、培根鸡蛋、奶酪炒鸡蛋、土豆司康、燕麦鲱鱼、苏格兰方香肠和炸薯条，配菜一般是沙丁鱼罐头，碰上特别的日子，也会有鲑鱼罐头。主食是白面包加果酱。

威尔士人的烘焙技术也鼎鼎有名，烘焙是威尔士式烹饪最重要的部分。直到今天，还有很多种面包、司康和蛋糕是在煎锅或烤盘上烤就的。茶桌上摆放的可能是深受喜爱的家庭自制面包，包括烤盘面包（bara planc）、果味面包（bara claddu）以及威尔士传统茶点面包——斑点面包（bara brith，其中的斑点指的是水果）；燕麦饼（起源于凯尔特）广受欢迎，人们一般会加黄油和奶酪一起吃。少了传统威尔士茶点蛋糕——一种有辛辣味的平底小蛋糕，里面加入了黑醋栗，外层裹上糖粉——的下午茶可以说是不完整的，这种小蛋糕也是在烤盘上烤就的，旅馆一般用它来招待刚经过长途跋涉的旅人。另一种在烤盘上烤就的蛋糕是修补匠蛋糕（teisennau tincar），这种蛋糕的出现可以追溯到很久以前，那时候修补匠游走于威尔士各地，拜访农场和农庄询问是否需要修补破损的锅碗瓢盆。修补匠蛋糕里加了苹果泥，可以给蛋糕增加一种柔软湿润的口感，辛辣感主要来自肉桂。当修补匠拜访的时候，人们用一杯热茶以及一块美味的修补匠蛋糕作为对他们到来的欢迎。

威尔士也有各式各样的司康，配料有糖浆、卡菲利奶酪，有时也会加入黑醋栗。轻蛋糕（leicecs）和苏格兰甜香饼类似，但因为加入了更多的酪乳和小苏打，口味更加清爽。威尔士人非常爱薄煎饼，甚至将它视作生日美食，煎饼有各种不同的种类，名字也各有不同。煎饼如此受欢迎的原因，除了它本身十分美味之外，也是因为它只需要在烤盘上烘烤很短时间就可以食用。

总的来说，在威尔士，用烤箱来烤蛋糕还是最近才发生的事。有些蛋糕和小圆面包和农忙时期有关，还有就是赶上剪羊毛的时候，整片地区的人都集中在一起给成千上万的羊剪羊毛。为一百多个饥肠辘辘的农民和宾客准备两天的食物可不是一件容易事，需要几天时间才能完成。在这段时间里，下午茶也只是一顿简餐，只有加黄油（或是奶酪和果酱）的自制面包。

* 瓷器，威尔士茶会。
* 在维多利亚时代，茶会场景通常会被做成瓷器装饰品，图中作品展示了穿着威尔士服装的淑女们围坐在茶桌旁边的情景。这一类形象最早出现在19世纪中期，后来由德国企业康塔与勃姆（Conta & Boehme）进行大规模量产。以上这款在英国市场上很常见，直到第一次世界大战爆发都广受欢迎。

剪羊毛蛋糕（cacen gneifo）是一种口味浓厚的发酵水果蛋糕，里面加入了香芹籽调味。在有些地区，鹅莓派是一种剪羊毛时期的特制食物。低地地区在进行脱粒时也会有类似的活动，供应的食物中有一种用乳酪和多种水果做成的蛋糕，还有一种通常是苹果馅的丰收蛋糕。一个家庭的声望通常与它准备宴席的丰盛程度联系在一起。蒂森瑙·阿伯夫劳蛋糕（teisennau aberffraw），有时也被叫作詹姆士蛋糕（cacennau iago），是一种口味浓郁的小型酥脆饼干，它的名字来自威尔士南海岸的安格尔西郡一个叫作阿伯夫劳的小村庄。传统做法是将这种蛋糕切成扇贝壳的形状，这种贝壳直到今天也可以在阿伯夫劳附近的海滩上发现。它并不是真的扇贝，而是一种体形较小的女王凤凰螺。贝壳较为平整的一面被用来给饼干印上贝壳的花纹图案。

其他种类的烘焙食品中也可能会加入香辛料，比如香芹籽苏打面包、香芹籽面包和肉桂面包。土豆蛋糕会用肉桂或者其他混合香辛料调味，在还冒着热气的时候抹上黄油端给客人。其他还有姜饼和姜料蛋糕。费什加德姜饼（Fishguard gingerbread）被叫作老式威尔士姜饼，有趣的是，它虽然叫姜饼，配料中却没有姜！在威尔士，这种姜饼一般会在集市上贩卖。

并不是所有英国茶会都像上面描述的那些一样奢华，弗洛拉·汤普森（Flora Thompson）在她的自传《雀起乡到烛镇》（*Lark Rise to Candleford*，1945）中回忆了 19 世纪末期，年幼的她在牛津郡一个小村庄生活的情形："每天那顿热饭有三种主要食材，肉馅做的培根，园子里的蔬菜和面粉做的布丁卷。"很多工人阶层家庭下午茶能吃到的食物也与此相同。

当时的工人阶级大都喜欢一种叫作布朗·贝蒂（Brown Betty）的圆形茶壶，它由红色黏土制成，于 1695 年在特伦特河畔斯托克地区被发现，表面有一种特别的棕色光泽（被称作罗金厄姆光泽）。它是如何得名的如今已不可考据，所有人都知道这种茶壶的名字，却没有人知道它为什么被叫作贝蒂。也有些人猜测，贝蒂是一个女侍者的名字。当把开水倒进这种圆形茶壶的时候，茶叶会在壶底缓缓旋转，使得其香味更好地散发出来，同时减少苦涩。另外，这种特殊黏土的保温效果很好。

但是再怎么保温的茶壶也会慢慢冷却下来，特别是在冬天，因此人们喜欢裹上茶壶套来保温。茶壶套一般用羊毛、布和蕾丝做成，普遍被认为最早出现在 19 世纪 70 年代，那时下午茶和傍晚茶广泛流行，目前文献中发现的关于茶壶套的最早记载也是在这段时间。格瓦斯·赫胥黎（Gervas Huxley）在《谈茶》（*Talking of Tea*，1956）中认为，茶壶套最初的灵感可能来自贸易商把体积较大的中国茶壶运到英格兰时在外面套上的一层编得很结实的竹框。对于维多利亚时代的女性来说，茶壶套成了一个展现她们针线活儿的物件。女士们会使用各种针线技巧——针绣花边、绒线刺绣、刺绣、丝带，不可胜数。有些人会在茶壶套边缘串上玻璃珠子或者用丝绸做内衬。有些茶壶套会用钩编或者手工编织羊毛帽的方法做成，有些还会在顶部编织一个小绒球。这样的茶壶套会在特殊场合拿出来和最好的银质或瓷茶壶一起供客人赏玩。

\* 《农家的下午茶》，玛丽·艾伦·贝斯特（Mary Ellen Best）绘，约克郡，1830 年左右。

\* 画中描绘的是一个富裕的农村家庭，钟表指向五点十分，水壶放在炉火上。茶桌上摆放着大碗用来装喝剩的茶水——在节俭的农家，茶叶至少要泡两次。

# 育儿室下午茶

◆

下午茶——愉快的时光

孩子不用再受学业之苦

围坐孩子的社交圆桌

时光被纯粹的欢乐和天真的笑容填满

——J.C. 索韦比和 H.H. 埃默森（J. C. Sowerby and H. H. Emmerson，1880）

在爱德华和维多利亚时代，孩子们拥有自己独特的育儿室下午茶时间，一般在下午的四五点钟。那时候孩子们的生活受到非常多的限制，顶多被允许由保姆（极少数情况下由父母）带出门。午饭过后，孩子们可能会外出散个步。下午茶时间，孩子们会在楼下的客厅里，在来喝茶的客人面前，努力表现出自己最好的一面。他们在楼下待不了多久，到了四五点钟，就会被带回楼上的育儿室或教室喝保姆准备的茶，楼上的氛围要轻松得多。有的时候，母亲会陪孩子们在育儿室喝茶，这对于母子来说都是极其宝贵的时光，孩子们可以得到母亲全部的关注，也会表演乐器或者背诵诗歌来逗母亲开心。父亲有时也会加入，和孩子们一起玩耍。

育儿室下午茶的食物比成年人的要丰富，这是孩子们一天中的最后一顿饭，所以和傍晚茶更接近。常见的食物有加黄油和果酱的面包、小手指三明治、小蛋糕、带果酱或黄油糖霜的海绵蛋糕、花式饼干，有时也会有松饼和煎饼。所谓茶一般是红茶牛奶，有时也被称为"育儿室"或"儿童"茶。茶的主要成分是热牛奶或奶油，有时候会加入少量浓茶和砂糖。除了红茶牛奶，孩子们也会喝牛奶、果汁和热可可。孩子们有时也会邀请玩偶来参加他们的茶会，他们会用陶器工厂销售员大力推销的微型茶具来招待玩偶。

K. 詹姆森夫人（Mrs K. Jameson）在《育儿室烹饪之书》（*The Nursery Cookery Book*，1929）中说道："希望这本书对有幼龄孩童的妈妈有帮助"，为孩子们准备的下午茶食物其实没那么复杂。她建议无需把三明治的脆皮去掉，"而是准备加黄油和蜂蜜（或果酱）的硬皮面包——不是黄油面包片，而是需要认真咀嚼的硬皮部分"。如果可能的话，面包应该用石磨面粉或者全麦精面粉烤就。"偶尔也可以准备黄油燕麦饼，或者一片脆面包，或者杂粮饼干，这样可以让小孩子锻炼咀嚼能力"。詹姆森夫人还建议："有时候也可以准备一个简单的自制蛋糕或者手指饼干来代替蜂蜜和果酱""纯蜂蜜是最好的天然甜味剂，面包抹上蜂蜜是最美味最健康的食用方法不说，蜂蜜还可以帮助清洁口腔。如果可能的话最好直接从蜂巢采蜜，这样就可以保证蜂蜜是纯的"。不应该让孩子们喝茶，甚至也不该让他们喝红茶牛奶，而让他们喝"纯温牛奶，加一勺阿华田（由大麦麦芽、牛奶和鸡蛋制成）或者可可进行调味"。

作家莫莉·凯恩（Molly Keane）在《育儿烹饪》（*Nursery Cooking*，1985）中描绘了她对于育儿室下午茶的复杂记忆：

> 有一次，心情愉悦的女主人将沉闷的下午茶会的气氛一下推到了最高点，因为她说出了那句咒语一般的话："现在让我们从草莓和奶油开始吧！"要知道通常情况下总是"先吃黄油面包，再吃蛋糕"。还有一次在另一个孩子家的下午茶会上，她记得"我的保姆一直站在她的椅子后面，就这样夺走了我下午茶的全部快乐，她还和主人家正准备上海绵蛋糕的保姆说'谢谢，但是她现在有点胃酸过多，我们只吃黄油面包，快把这些都吃了，亲爱的'"。

\* 《育儿室的下午茶》，庞奇绘，1855 年。

\* 女佣主管在试图阻止玛丽小姐用烛花剪来搅拌她的茶。

曾经为女王殿下和伊丽莎白王太后做过厨师的麦基夫人（Mrs McKee）则对育儿室下午茶有很多美好回忆。麦基夫人是瑞典人，在克拉伦斯府为女王和菲利普王子工作过。她在《皇家烹饪书》（*The Royal Cookery Book*，1964）中这样形容那段短暂却又无忧无虑的时光：

> 那时候女王还是伊丽莎白公主，她可以花上整个下午的时间和查尔斯王子、安妮公主在草坪上玩耍，"在喝茶的时候，仔细将毯子折好，然后把玩具拿回屋里"。对于查尔斯和安妮来说，下午茶时间总是"在充满阳光的育儿室里，气氛轻松愉快，查尔斯王子兴高采烈地说着白天发生的事情"。

根据麦基夫人书中所写，那时查尔斯王子最喜欢的是蘸菠萝酱的炸丸子。除此之外，姜丝海绵蛋糕、黑醋栗蛋糕、马德拉岛蛋糕、海绵三明治蛋糕、咖啡巧克力蛋糕、菠萝蛋糕和榛子饼干也是他喜欢的。而伊丽莎白王太后和玛格丽特公主喜欢在客厅的小桌上铺上桌布喝茶，地板上铺着另一块桌布，让狗狗也可以享受它们的下午茶时光。

麦基夫人告诉我们，在生日茶会上，生日蛋糕通常是法式酥皮蛋糕。宴会上的三明治有的夹碎奶酪和生菜，有的夹美乃滋火腿末、西红柿和西洋菜，还有夹薄黄瓜片和黄油的褐色面包卷。酥皮的果酱开胃饼可能和奶油甜蛋糕或海绵茶饼摆放在一起。

尽管女佣和育儿室下午茶都已经成为过去式，但在很多家庭里，给饥肠辘辘的放学回家的孩子们准备下午茶的习惯还在继续。当时的三明治或面包加黄油（或果酱）已经被花生酱或巧克力酱三明治、炸鱼柳、小比萨代替；糖霜纸杯蛋糕也不再流行，取而代之的是装饰精美的杯子蛋糕。

\* 油画《皇家庄园的谈话》，詹姆斯·冈恩爵士（Sir James Gunn）绘，温莎，1950 年。

\* 乔治六世和伊丽莎白王后的温馨一幕：在温莎的庄园里，他们和伊丽莎白公主、玛格丽特公主正在进行一次非正式的下午茶。布置高雅的茶桌上摆放着简单的食物，反映了当时的食物短缺和配给制。

# 乡村下午茶,运动茶会和野餐茶会

◆

到19世纪末期,下午茶已经跨越了阶层,几乎在所有英国家庭中流行起来,其中也包括生活在英国乡间的家庭。

弗洛拉·汤普森在《雀起乡到烛镇》中写到了和荷林夫人(Mrs Herring)一起喝下午茶的情景,她写道:"茶桌已经摆好……茶具都是最好的,每个茶杯旁都摆了一朵开得正盛的玫瑰、生菜菜心、薄黄油面包片和早晨刚刚烤好的酥脆的小蛋糕。"她还描写了乡间兴之所至的饮茶聚会以及这种聚会是如何成为村里女性日常生活的一部分的;年轻女性有时会聚在其中一人的家里,一边喝着不加奶的浓茶,一边天南海北闲聊——喝茶的时间才是真正属于女性自己的时间。

因为茶叶在威尔士数量稀缺且价格昂贵,当地人直到比较晚的年代才养成喝茶的习惯。住在村子里的女性会组成饮茶俱乐部,茶会的茶叶、食物和茶具由大家集资购买。正如玛丽·特雷维莱(Marie Trevelyan)所说,"一个人带茶叶,一个人带蛋糕,还有一个会带一些金酒或白兰地,好一会儿加进茶水里。大家在各个俱乐部成员家里轮流聚会,然后自然而然地聊些她们感兴趣的八卦话题",她还写道,"住在威尔士山里的女性格外喜欢大量饮茶……茶壶永远摆在火炉上,没完没了地咕噜咕噜,大家手里的茶杯也从没放下来"。

弗洛伦斯·怀特(Florence White)在《英格兰的好东西》(*Good Things in England*,1932)里这样描述乡村下午茶:

> 这些话让我想起在乡间小屋的大厅里喝下午茶的时光,炉膛里燃着的木头发出嘶嘶的响声;茶桌很大,足够那些声称憎恨下午茶的男人们也能一同坐下来给司康抹上黄油或果酱;热水壶在火炉上唱着歌;吐司冒着热气;旁边放着自制的蛋糕;狗安静地躺在炉火边取暖,看起来快乐又满足,即便是门口响起了熟悉的脚步声,它们也懒得站起身来;俱乐部成员和其他朋友陆续走进来,他们看起来略带疲惫,这可能是因为他们走了一段很长的路,又或者背着枪走了一整天。
>
> 到了夏天,板球赛季中,无论板球队输赢如何,威尔士人都会举办户外下午茶会,搁板长桌上摆放的杯碟和其他各种好东西几乎能把长桌压垮。
>
> 又或者是在农舍里举办,大家都知道,只要在正确的时间通知下午茶会的消息,就不用担心没有人光临。
>
> 又或者在镇上或者乡下教室举办的下午茶会,那儿有最美味的吐司和永远想要再来一块的蛋糕,没什么比这更棒了。

怀特接着引用了拉格兰夫人（Lady Raglan）在《三个王朝的回忆》（*Memories of Three Reigns,* 1873）里对英格兰乡间别墅的下午茶会的生动描述：

> 在乡间的时候，每天总会有一个小时，我们围坐在炉火边，聊聊当天发生的新鲜事。在其中的一间乡间别墅里，我们总是在台球室喝下午茶，因为男人们喜欢在我们喝茶的时候打台球。
>
> 所有食物都是自制的，包括面包、蛋糕、司康。我格外喜欢这里的姜丝饼干，端上来的时候还是热烘烘的，酥脆黏牙，像蜜糖一样美味。

A WELSH TEA PARTY.

\* 明信片，20 世纪 20 至 30 年代。

\* 三个穿着威尔士传统服饰，戴着高高黑色帽子的妇女正在喝下午茶。

弗洛伦斯·怀特还提到，人们不仅会在打台球时喝下午茶，饮茶也能为下午的运动时光（网球、板球和槌球）增加乐趣。我们今天所知道的网球运动风靡于 19 世纪 60 至 70 年代，网球派对在当时是一项非常高雅的活动。派对上会供应三明治、蛋糕等食物，饮料则会有冰茶、咖啡和"网球杯"（tennis cup，一种非常解渴的冷饮，一般以茶水为原料，有些也含酒精）。

冰淇淋也大受欢迎，马歇尔夫人（Mrs Marshall）在《花式冰淇淋》（*Fancy Ices*, 1894）中写下了一道加拿大茶味冰淇淋食谱，她认为这道点心很适合在网球派对或是舞会晚餐上作为甜点冰淇淋：

### 加拿大茶味冰淇淋

取四分之一磅（约 113 克）优质茶叶；将茶叶放在一个加热过的干燥茶壶中，倒入 1 夸脱（约 1137 毫升）刚烧开的热水，静置 5 分钟；然后过滤掉茶叶，将茶水放在一边晾凉；将 6 个鸡蛋打入盆中，用打蛋器搅拌 5 分钟，加入 1 汤匙马歇尔牌香草精华和 6 盎司（约 170 克）细砂白糖；一点一点倒入晾好的茶水，继续用打蛋器搅拌混合液；用过滤器过滤后，混入 1 品脱（约 568 毫升）打得非常浓密的鲜奶油后放入冰箱中冷冻；冷冻完成后，放入任意花式冰块模具，将模具在冰箱中静置一个半小时；完成后，将冰淇淋取出放在一块干净的布上，用小小的花式纸盒盛好，然后摆在点心盘中。

有时候也会有网球蛋糕，这是一种搭配网球运动的轻水果蛋糕。网球蛋糕的形状随着时间流逝，从最早的球形变成了长方形，被装饰成网球场的样子。

麦基夫人在《皇家烹饪书》里有一张网球派对的菜单，其中包括：黄瓜三明治（她格外强调了面包和黄瓜必须切得很薄，每块三明治撒上盐和一滴龙蒿醋），松脆饼干加冰淇淋，软心巧克力蛋糕，冰茶和冰咖啡。

19 世纪 60 至 70 年代，斯波德陶瓷公司生产了一批非常精美的瓷器，叫作"网球茶具"，整套茶具包括一个茶杯（或者咖啡杯）、一个加长版茶碟（空出了足够的位置来摆放黄瓜三明治，一两片蛋糕或饼干，这样喝茶的时候就可以少拿一个盘）。

板球茶会是整个板球仪式的精髓所在。板球比赛一般都会在室外的乡间草地或学校球场举办，因此板球茶会也会在室外举行。阳光明媚，微风轻拂，坐在躺椅上听着皮革板球球拍发出的声音，对于我们这些裹着毛毯，瑟瑟发抖地观看比赛的人来说尤为浪漫。在这里，茶总是令人愉快的。这种受到欢迎并且能给大家带来抚慰的饮料被装在巨型茶壶中，开水在巨大的水罐中嘟嘟往外冒着水泡。如果天公作美（有时甚至连这个条件也不用满足），成年人板球比赛的茶会上还会供应带果肉的果汁或者皮姆酒（pimms）。通常是运动员的母亲、妻子或者女朋友来准备这些食物，大家都会暗暗努力，希望自己带来的咖啡或核桃蛋糕是最好的。草莓和奶油在板球茶会仪式中也扮演着重要角色。

\* 20 世纪的偶像（Idolice）糖果公司广告，广告词写着："适合网球派对、野餐、家庭聚餐等。"

\* 一名女士坐在躺椅上，一位男士正为她递上巧克力瑞士卷，她的旁边放着网球拍。

伊顿杂糕（Eton Mess，一种由草莓、蛋白酥皮卷和奶油做成的点心）就得名于历史悠久、一年一度的伊顿哈罗板球比赛。

在《英格兰的好东西》中，弗洛伦斯·怀特提到了在蒂弗顿奈特歇尔斯举办的一场板球茶会，当时对阵的其中一支队是布伦德尔校队，这支球队的男孩子们在比赛结束后，不论结果如何，都会把黄金糖浆浇在面包片和奶油上吃下去，并将其称为"电闪雷鸣"。

夏日野餐下午茶是英国文化中的一种娱乐活动。它不必牵扯上运动，只需一个好天气，就可以在花园、树林、果园或者沙滩上来一场野餐下午茶。野餐的食物种类繁多，从最简单的三明治到需要精心准备的咸味馅饼、焦糖布丁、沙拉、蛋糕和其他甜点，更粗犷一点的甚至会带上可移动的烧烤架，以便烤些肉串、香肠或牛排。食物会被摆在野餐桌上，参加野餐的人围坐在旁边。茶水被保存在保温瓶中，如果带上了手提汽油炉，也可以用它来烧开水泡上一壶新茶。

克劳迪亚·罗登（Claudia Roden）在《野餐》（*Picnic*，1982）中回忆了她幼时在开罗教科书上看到的一张插图——一片精心修剪的草坪上摆放着一张精美的茶几，茶几上铺着浅色的尚蒂伊蕾丝花边（Chantilly lace）桌布，桌布上摆着茶叶罐、银质茶壶、奶罐、鲜奶油罐、糖罐、带银滤网的污水盆、精致的骨瓷茶具。她觉得这些元素正是英国的象征。

"当然谁都明白英国的天气有多靠不住。"乔治娜·巴蒂斯科姆（Georgina Battiscombe）在《英国式野餐》（*English Picnics*，1951）中写道，"在英国想要野餐的人们是一群异常坚强的物种，因为他们必须与无常的天气做对抗。"约翰·贝吉曼（John Betjeman）在他的诗歌《特雷贝韦里克》（*Trebetherick*）中充满留恋地回忆了那些忍受着坏天气在沙滩上野餐的日子：

> 三明治里的细沙，茶杯里的黄蜂，
> 阳光在湿哒哒的泳衣上闪耀，
> 沙滩上的墨角藻静静等待着潮水的再次光临，
> 跳蚤围着柽树跳跃，一支早早点上的香烟。
> 这是怎样的快乐啊！

在所有野餐活动中，最为盛大的大概就是从 19 世纪 60 年代维多利亚时期开始的大型传统庆典活动——白金汉宫花园聚会。维多利亚女王最开始主持的是"早餐仪式"，尽管实际上聚会的时间是下午，招待宾客的是茶。聚会邀请的客人主要是外交官、政客和其他领域的专业人士，这个传统一直延续到了今天。伊丽莎白二世女王每年都会开放白金汉宫的皇室花园来举办三场下午茶聚会，每场接待的客人数量在 8000 以上。各行各业的人们都可能收到邀请，男士的着装要求是晚礼服、西服、制服或民族礼服；女士则一般穿着午后礼服或是民族礼服。宾客们一般在下午三点左右到达，这样就可以在茶会正式开始前欣赏皇家花园的美景。下午四点，女王和菲利普亲王在其他皇室成员的陪同下，伴随着国歌开场，加入宾客们的聚会。整个活动期间的背景乐由两支军乐队轮流演奏。重要客人会在皇家帐篷内饮茶，其他客人则会从长桌上取用茶和点心。组织如此巨大规模的下午茶聚会是非常不容易的，至少要准备 20000 块各式各样的三明治、5000 个小面包圈、9000 个黄油司康、9000 个水果挞、3000 个黄油小蛋糕、8000 片巧克力或柠檬蛋糕、4500 片邓迪蛋糕、4500 片马略卡蛋糕以及 3500 块巧克力或果酱夹心瑞士卷。除此之外，还要准备 27000 杯茶、10000 杯冰咖啡和 20000 杯果汁饮料。聚会上提供的茶饮是一种叫作"里昂之家"的特调，是川宁公司为花园聚会特别生产的。这种茶极好地融合了大吉岭和阿萨姆茶的特点，与夏日茶会完美契合。

\* 皇家阿尔伯特设计，乡村老镇玫瑰图案的网球茶具套装，也被叫作女主人茶具套装。1962 年。

* 《圣日》（*Holyday*）后来改名为《野餐》（*The Picnic*），詹姆斯·迪索（James Tissot）绘，1876 年。

* 画家本人于 1871 年搬到英格兰居住，这幅作品展现的是他住在伦敦圣约翰伍德区时，在家里后院野餐的情景。

# 乡村宴会, 学校宴会和教堂茶会

◆

夏天也是举办乡村宴会和学校宴会的好时候, 这为同一个社区的人们提供了聚会的机会。20 世纪 50 年代, 我在乡村度过了自己的少年时光, 有很多关于乡村和学校宴会的快乐回忆。那时, 宴会上会有各种比赛、体育活动甚至五月柱舞会 (maypole dancing)。茶会一般会在乡村大厅或者教堂举办, 茶摆放在长板桌或是茶棚里。女人们总会拿出自己最好的手艺去准备蛋糕、面包、三明治和香肠卷等各种食物。我记得最近一次参加是在我孩子学校的宴会上, 大家用冒着滋滋热气的开水壶将热水注入大而笨重的冲泡茶壶中, 然后又费劲儿地提起茶壶, 把茶水注入杯中。宴会上的食物偶有一些变化, 比如三明治的面包换成了全麦面包, 填料变得更精致, 蛋糕也更有想象力更健康 (例如多了胡萝卜蛋糕), 还增加了法式咸派 (quiches)、咖喱角 (samosas)、帕克拉 (pakoras) 等反映多元文化社会的食物。除此之外, 宴会并没有发生其他什么变化。维多利亚三明治蛋糕、配上果酱的奶油或黄油司康的受欢迎程度还是一如往昔。

直到今天教堂也会举办茶会来集结信众或当地社区居民, 主要是为慈善筹款, 定期举办的活动包括圣神降临节 (Whitsuntid), 夏季周末的学校郊游活动, 秋收感恩节活动以及圣诞节集会。这类大型活动需要进行大量的准备工作, 尤其是备办食物。烘焙食物都是家庭自制的, 女士们会准备一些拿手的甜品, 比如花式蛋糕或者巧克力蛋糕, 以及大量的三明治 (填料一般是肉酱或鱼酱)。为了备办食物, 女士们必须一边忍受着炎热潮湿的天气和开水壶的蒸汽, 一边通力合作。

值得一提的是圣诞茶会, 除了必须有果冻、果味牛奶冻、花式蛋糕或蝴蝶面包和生日蛋糕之外, 也一定要有肉馅饼、乳脂松糕和圣诞节蛋糕 (一般是装饰有圣诞主题的翻糖蛋糕)。

茶几乎适合所有场合, 其中也包括桥牌派对。伊丽莎白·克雷格 (Elizabeth Craig) 在《向内探索》(*Enquire Within*, 1952) 中称桥牌派对是 "最让人愉快的娱乐", 打桥牌的时候都会供应小点心和茶, 傍晚则供应咖啡和三明治。通常来说, 下午时间是指三点到六点半。对于下午时间的桥牌派对, 伊丽莎白建议的食物有 "各式各样的美味蛋糕、长条泡芙、加核桃葡萄干的薄黄油面包, 最后再来一个涂上鱼子酱或者鹅肝酱的薄片黄油面包"。还有一点她格外强调, "记得在侍者端上食物之前给他们小费, 这样就不用担心打牌时把手弄脏"。桥牌派对提供的茶种类包括: 俄罗斯式茶、美式茶以及中式茶、锡兰茶和印度茶, 喜欢奶油的人也可以自己在茶里加些奶油。

\* 圣诞下午茶的食物是火鸡肉、蔓越莓三明治、小龙虾鸡尾酒、鲑鱼烤薄饼、肉馅饼、杯子蛋糕和马卡龙，饮品是茶和气泡酒。

 葬礼茶会

◆

在一些悲伤的场合，茶也必不可少。葬礼茶会就是一个这样的场合，它是缅怀生命逝去的一种重要方式。

在 17 至 18 世纪，茶还是奢侈品的年代，葬礼上通常会为前来悼念的人准备啤酒、红酒和蛋糕。后来，茶成为大众饮料，葬礼上除了啤酒、红酒、雪莉酒这些传统饮品外，也出现了茶。下面是对英格兰北部的这一传统活动的描述：

在离开房子前往墓地之前，主人会给悼念者端上一些小零食——为男士们准备的一般有奶酪、啤酒和面包，招待女士的则有自制饼干和家酿红酒。在回到房子之前，主人会为宾客们准备葬礼宴席——除了在葬礼场合，几乎很难见到如此豪华的宴席，宴席的花费非常巨大，甚至会导致举办葬礼的家庭在之后的几年时间里都陷于贫困。

　　这里所说的自制饼干一般是手指饼干，也被称为葬礼饼干。多萝西·哈特利（Dorothy Hartley）在《食物和英格兰》一书中写道："在某些乡下地方，主人家会摆出手指饼干和雪莉酒来招待来访的悼念者。"她的阿姨曾经告诉她："在1870年，威尔士葬礼上的规矩是，将这类饼干用黑色胶带和纸巾捆在一起，让孩子们在去往葬礼的漫长而又寒冷的路上有东西可以吃。"

　　食物历史学家彼得·布雷尔斯（Peter Brears）在《利兹之味》（*A Taste of Leeds*，1998）中记录了"每个人随着人群走到教堂，只有少数几个'泡茶的人'会留下来准备人们回来时的茶水点心"。在19世纪中期，葬礼小面包以及麦芽酒组成了葬礼茶会的一部分，而"茶会剩下的部分，总是会包括大量做好的火腿，这一般是一个家庭能够拿出的最好的食物，而这甚至会使一个家庭不得不过上举债的生活"。

　　关于约克郡葬礼上准备火腿的习俗，《利兹之味》里记载了一个可怕却又有代表性的故事："一个奄奄一息的老人说起厨房里正在烹调的火腿：'亲爱的，这味道可真香，我可以尝一点吗？'他的妻子回答道：'这可和你没什么关系，这是为你的葬礼准备的。'"

### ※延伸阅读：奶油茶

　　自从19世纪中期铁路开通以来，旅游业蓬勃发展，英国西南部的奶油茶也变得格外有名。在旅馆、茶室、咖啡室和农舍都可以喝到味道不错的奶油茶。现在以奶油茶闻名的地区有康沃尔郡、德文郡、萨默塞特郡和多塞特郡，它们都宣称自己是奶油茶的起源地。

　　2004年，英国广播公司报道，根据西德文郡塔维斯托克当地历史学家发现的古代文稿记载，吃面包时加上奶油和果酱的传统早在11世纪就已经在塔维斯托克修道院存在。（实际上，这与一种被叫作"电闪雷鸣"的奶油茶的变体相类似。）记载中说，塔维斯托克修道院在997年遭到维京人的袭击，工人们修复庄园的时候，当地的本笃会修士会招待他们吃加凝脂奶油和草莓果酱的面包。尽管这份文稿可能是目前发现的最早关于面包配奶油、果酱一起食用的书面证据，但康沃尔人仍然坚持认为制作凝脂奶油的方法应该归功于康沃尔人。

　　最初，奶油茶是用苏力特（split）做的，在康沃尔和德文郡，它也被叫作查德利酒（chudleigh）。苏力特是一种用酵母制成的略带甜味的面包，两个郡的人对于应该先涂奶油还是先涂果酱有着截然不同的看法。在康沃尔，人们会先给这种分成两半的小面包涂上草莓酱，再在上面淋一勺或两勺凝脂奶

\* 德文郡奶油茶，淋上奶油和果酱的自制司康。

油；而在德文郡，人们会先在面包周围涂上奶油，再将果酱淋在上面。到了今天，尽管司康在大部分时候都取代了苏力特的位置，但关于奶油和果酱的争论却还没能停止。传统来说，不论是苏力特还是司康都应该先加热（如果是现烤那就再好不过了）。抛开这些争论不谈，我们可以确定的是，不论是在家、酒店或者茶室，来一杯奶油茶是下午茶的一大乐事。

## 外出喝茶

19 世纪初期，人们可以外出吃饭的场所只有小餐馆、酒店、旅馆和咖啡屋，这些场所对于有身份的妇女来说都很不合适。19 世纪 60 年代，提供食物和休闲娱乐的茶店和咖啡店开始在伦敦出现，女人们有了新的去处。这些店铺一般由禁酒协会经营，但常常会因为管理不善、质量低下等原因很快倒闭。

1864 年，加气面包有限公司（Aerated Bread Company，ABC）一个足智多谋的女经理说服公司董事在位于芬克彻街火车站附近的商店后面开辟一个房间，为客人们提供茶点，这个想法不仅受到了女客们的欢迎，也受到了店员、办公室工作人员和普通购物者的欢迎。茶室使得女性无需男性陪同就能和朋友们一起享受茶点，外出喝茶成为新的时尚。茶店和茶室也开始在英国各地冒了出来。

到了 19 世纪末，英国至少有 50 家 ABC 茶室。到 1920 年，ABC 茶室的数量达到顶峰，包括超过 150 家茶室分店和 250 家茶店。1955 年，ABC 茶室走到了终点，今天只能从一些商店悬挂的褪色牌匾中找到一些往昔的痕迹。其中有一处是在河岸街 232 号，现在那里已经变成了一家超市。

1864 年，在伦敦的 ABC 茶室开设后不久，苏格兰的格拉斯哥也开始出现茶室。1875 年，一个叫斯图尔特·克兰斯顿（Stuart Cranston）的茶叶零售商在亚皆老街拐角处的皇后街 2 号开设了克兰斯顿茶室。这是格拉斯哥的第一家茶室。此时正值格拉斯哥的烟草贸易崩溃，而茶叶和糖的进口贸易正在不断增长。当时的格拉斯哥面临严重的城市剥削以及贫困问题，当地居民存在非常严重的酗酒问题。克兰斯顿意识到工人阶层需要一个可供他们在白天放松休息的场所，茶既可以帮助人们提神醒脑，又不会带来醉酒的后果，于是他产生了开设茶室的念头。他遵循了当时的传统，允许客人们在买茶叶前先免费饮用一杯泡好的茶，之后他又增加了一些黄油面包和蛋糕佐茶。他又想到，客人们可能会想要在买茶叶之前坐下来舒舒服服地品茶，于是又在店里摆上了可以供 16 位客人"肘碰肘"坐着的茶几。他在广告语里写道："来一杯加糖加奶的上好中国茶，另有美味面包、蛋糕供应。"

克兰斯顿的妹妹凯特也发现了茶室的商机。1878 年，她在亚皆老街 114 号开设了自己的茶室——克兰斯顿小姐的皇冠茶室。这家茶室开在一家禁酒旅馆的一层，对格拉斯哥的贸易工人来说非常方便。尽管斯图尔特·克兰斯顿是格拉斯哥茶室第一人，但真正将格拉斯哥茶室发扬光大的是凯特。凯特的茶室"从椅子到茶具都充满克兰斯顿特色"。到了 1886 年，她又在英格拉姆街 205 号开设了第一家分店。

\* 《加气面包有限公司（ABC）茶室》，1902 年。

　　1897 年，凯特雇佣了 28 岁的建筑设计师查尔斯·雷尼·麦金托什（Charles Rennie Mackintosh）重新装修了她位于布坎南街的第三家分店。1903 年 11 月，她又在时尚的新商场聚集区——绍奇哈尔街开了后来赫赫有名的柳树茶室。这些茶室几乎完全契合了当时对时髦的定义，因此吸引了大量追求时尚的客人，其中以女性居多。

　　从 1887 年到 1917 年，在麦金托什与凯特·克兰斯顿合作的 30 年时间里，他不仅设计了茶室的室内壁画、结构和家具，还为服务员的制服上设计了时髦的粉色珍珠项链。这些茶室的装修风格催生出了"设计师"茶室的概念，也使得克兰斯顿小姐的茶室成为一个传奇，享誉全球。

　　世纪之交时，茶室在那些需要出门见朋友又不想选择酒吧的进步女性中十分受欢迎。尽管有一些男性老顽固觉得茶室非常不雅，但大多数人都不赞同这个看法。很多都市白领都觉得凯特的茶室为他们提供了一个可以喝茶、吸烟、聊天、玩纸牌或多米诺牌的场所。还有一点也非常重要，凯特茶室的服务员都非常貌美，对于年轻人来说，是结交朋友甚至约会的好地方。

　　1911 年，格拉斯哥举办的苏格兰民族展览上展出了一份克兰斯顿小姐茶室的菜单。菜单上除了茶、咖啡、热可可、巧克力牛奶这些饮料之外，还有可以搭配果酱、果冻或柑橘酱的面包、司康、松饼；各种各样的三明治、馅饼和小吃（比如香肠和薯条）也出现在菜单上。想来吃午餐或傍晚茶的客人可以选择的食物种类也十分丰富：汤、鱼、鸡蛋、奶酪菜、肉菜、肉馅饼、各类开胃菜、冷盘菜、冷热甜品（比如蒸水果布丁、卡仕达酱、夏洛特蛋糕）。菜单也提供固定价格的傍晚茶和平价茶套餐，例如九便士的傍晚茶套餐中包括茶、冷烤鲱鱼和黄油面包，以及一块蛋糕或司康；六便士的平价茶套餐则只包含一片黄油面包和一块蛋糕；而一先令可以买到一壶茶加切片黄油面包，以及一个黄油司康、两块蛋糕和一大瓶果酱！

除了凯特的克兰斯顿小姐茶室外，当时也有一些其他风格类似的茶室，比如别克小姐和罗姆巴赫小姐的茶室。但是最成功、名声最响亮的当属餐饮企业家约瑟夫·里昂（Joseph Lyons）的里昂茶室。1894 年，第一家里昂茶室在伦敦普卡迪里大街 213 号正式开张，到了 1895 年底，茶室的数量已经增加到了 15 家。这些茶室因其室内设计风格和白底金字的招牌而闻名。茶室的环境干净时髦，提供的食物口感上乘，价格也公道，两便士就能买到一壶茶——要知道在其他地方，一杯茶就得花上三便士。小面包只要一便士，奶油蛋白饼五便士。穿着时尚制服的服务员周到殷勤，效率奇高，因此被大家亲昵称为"nippies"（英国口语：法国里昂咖啡馆的女服务员）。

\* 克兰斯顿小姐茶室的女服务员身着制服，戴着粉色珍珠项链，1903 年。

*  1926 年，位于伦敦市考文垂街的里昂茶室里的服务员为 1000 多名在战争中受伤的士兵端上茶点。

　　茶室和茶店如雨后春笋一般出现在伦敦的大街小巷，其中很多都是由女性所有和经营的。1893
年，她们在邦德街成立了女性茶协会，其他人纷纷加入，其中就包括了午后茶会茶室——一家以粉
色和月见草装饰为主、深受女性消费者喜欢的茶室。富勒先生为这家茶室提供蛋糕和其他点心，其
中就包括有名的糖霜核桃蛋糕。这种蛋糕在南希·米特福德（Nancy Mitford）主演的电影《恋恋冬季》
（*Love in a Cold Climate*，1949）和伊夫林·沃（Evelyn Waugh）主演的电影《故园风雨后》（*Brideshead
Revisited*，1981）中的两次出镜，使得它经久不衰。

　　还有一些茶室开在旅馆或商场里。摄政街上的东方主题茶室（Liberty）就为购物者提供了一个
充满异域情调的休息场所，逛街略感疲惫的客人们可以在这里喝杯茶，吃些点心，稍事休息。茶室
的价格是一人六便士，两人九便士。客人们可以自己选择茶的种类，有印度风味、莲花风味和阴阳
调和风味等。这家茶室还为女士提供了一个专门的衣帽间，因此对于女顾客来说，到这儿喝茶极为
方便。

　　当时也有一些茶会花园，其中包括肯辛顿（Kensington）花园、蒂克斯伯里修道院（Tewkesbury
Abbey）花园，以及稍远一些的曼岛上的鲁申修道院（Rushen Abbey）花园。游客们可以在花园里的
巨大木地板舞池里翩跹起舞，累了便可以一边听着交响乐欣赏其他人的舞姿，一边喝上一杯草莓奶茶。

　　一些剧院也开始开设茶室，伦敦大剧院宣称要在每一层都开设茶室——大厅茶室、阳台茶室、
露台茶室。顾客在这里除了可以"以合理价格享受美味小食"和下午三点到五点的下午茶之外，也
可以买到下一场演出的票。

* 曼岛鲁申修道院茶室明信片，1907 年。

* 这里最早的时候是一家修道院，由奥拉夫国王（King Olaf）在 1134 年赠予。

* 明信片，伦敦大剧院的一家茶室，1904 年。

不止伦敦，英国各地都有了茶室（有些咖啡厅也提供茶水）。约克郡最有名的是贝蒂斯咖啡厅（Bettys cafe）——1919 年 7 月 17 日，第一家贝蒂斯咖啡厅在哈罗盖特开张。贝蒂斯咖啡厅的店主原本是瑞士人，后来成为英国公民。贝蒂斯咖啡厅最有名的是它华丽的装修——店内的展示柜用贵重木材打造，墙上挂着镜子和玻璃。后来在约克郡其他镇上陆续新开的咖啡厅也延续了这一风格，直到今天，贝蒂斯咖啡厅仍因为它既有精美的瑞士甜点和蛋糕，也有约克郡特色的凝乳馅饼、茶点面包和胖流氓蛋糕（fat rascals）而全国闻名。

外出喝茶在女性独立和解放中扮演了重要角色，茶室给女性提供了一个安全、值得信任的与朋友们会面的场所。妇女参政论者通常会在下午茶时间在茶室或餐馆聚会。艾米琳·潘克斯特（Emmeline Pankhurst）在她的自传《我的故事》（*My Own Story*，1914）中提到，当时妇女自由联盟（Women's Freedom League）最钟爱的聚会场所就是皮卡迪里大街的克里特因（Criterion）茶室，她们在这儿举办了多次妇女社会政治联盟的早茶和下午茶聚会。在 1911 年 5 月 6 日出版的《选举目录》（*The Vote Directory*）——妇女自由联盟报纸的建议零售商名录中，克里特因茶室赫然在列。

除却这些大型连锁茶室，还有一大批同样以女性为主要服务群体，甚至是由女性经营的小型茶室（这些女性经营者可能只有家政管理经验）。艾伦茶室的所有者玛格丽特·艾伦·里德尔小姐（Miss Marguerite Alan Liddle）是妇女社会政治联盟的活跃成员海伦·戈登·里德尔（Helen Gordon Liddle）的姐姐，因此这家茶室在妇女参政论者中格外受欢迎。它坐落在牛津大街 263 号，为女权主义者们提供了一个优质的集会地点。另一个受欢迎的集会地是在茶杯（Teacup）旅馆，这家旅馆于 1910 年 1 月开业，坐落在葡萄牙街紧挨国王道的地方。在妇女社会政治联盟报——《为女人投票》（*Votes for Women*）上，旅馆刊登的广告语是："精致午餐和下午茶，价格公道，自家烹饪，提供素食餐点和三明治。全部员工和管理人员都是女性。"

在伦敦城外，妇女参政论者也会在咖啡厅或茶室聚会讨论政治。在纽卡斯尔，芬威克咖啡厅（Fenwick）是她们的首选；在诺丁汉，她们选择的是莫利咖啡厅（Morley），这是一家类似酒馆的小店，初衷是提供一个替代酒吧的场所。在爱丁堡，则是植物咖啡厅（Vegetaria）。

Detail from an original 1920s Bettys Café menu

\* 贝蒂斯咖啡厅菜单细节，20 世纪 20 年代。

# 茶舞

◆

在爱德华时代，茶舞聚会在英格兰、欧洲大陆和美国都达到鼎盛。茶舞聚会经常在著名酒店的休息室或棕榈广场举行。大约在 1913 年，伦敦掀起了"探戈茶会"的新潮流，探戈舞来自阿根廷，1912 年已经在法国流行起来，并成功在法国上流社会引发热潮。伦敦一些最豪华的酒店每周都会举办茶舞聚会，或者按照当时时髦的说法，叫作"跳舞茶"（thé dansants）。

格拉迪斯·克罗齐耶（Gladys Crozier）是当时的一位上流社会社交达人，也是当时茶舞的领军人物，她曾经描述过一场在 1913 年举办的茶舞聚会：

> 冬日无聊的午后，时间离五点钟还差几分，刚打完电话也好，刚结束购物也好，还有什么比这会儿去参加一场愉快的茶舞聚会更让人开心的事情吗？茶舞俱乐部如雨后春笋般席卷了整个西方世界。坐在小小的茶几前度过属于自己的时光，喝上一杯最精致美味的茶，一边听着最优秀的管弦乐队的演奏，间或加入到跳舞的行列中……

华尔道夫酒店（The Waldorf Hotel）是当时最受欢迎的茶舞场所，"探戈茶会"的舞池就设在酒店的棕榈广场，茶几则摆放在舞池的四周和舞池上方的观赏长廊里，观众们可以在两段舞蹈的间隙找个喜欢的位置坐下，喝上一杯茶来提提神。萨沃伊酒店（Savoy）是另一处广受欢迎的茶舞场所，苏珊·科恩（Susan Cohen）在《何处去喝茶》（*Where to Take Tea*，2003）一书中这样描述茶舞：

> 萨沃伊的茶舞聚会无论在品位、设计还是精致程度上都达到了极致，茶桌上摆放着酒店标志性的粉红色桌布，俄罗斯茶是由俄罗斯人准备的，菜单上印着法文，保留了上流社会喜爱的属于欧洲大陆的感觉。

## PARISIAN FASHION COME TO TOWN: THE "THÉ DANSANT," COUSIN OF THE "TANGO TEA," IN LONDON.

DRAWN BY A. C. MICHAEL.

A BORROWED FROM FRANCE, BUT PRESENTED IN THE MORE ENGLISH MANNER: DANCING AS AN ACCOMPANIMENT TO TEA IN A FASHIONABLE RESTAURANT.

weeks since it was noted that Paris, which had not shown any very enthusiastic interest in other dances of the more or less eccentric rag-time the Argentine Tango the craze of the moment, particularly at "Tango Teas." These, we were told, are organised on a large scale, and are as novel in idea. Most of those attending these teas in France go to them to gain greater proficiency in the dance, as well as to win the approval dancing who, less active or less energetic than the rest, are content to sit and watch. Now we have in London—to be precise, at Prince's

Restaurant—the "Thé Dansant," during which Maurice and Florence Walton, who are well known in London by their appearances in the Alhambra revue, a Mile," dance for the pleasure of those taking tea, on every day of the week except Saturday and Sunday. It was these two dancers, by the way, who comba the letter-writing "Peeress" whose contribution to the "Times" was so much commented upon, by showing on the stage that the Argentine Tango, danced as should be danced, and more often than not is danced, cannot possibly be described as objectionable.

* 巴黎时尚来到伦敦：在王子饭店举办的探戈茶舞，1913 年。

## THÉ DANSANT 5/-

*Les Specialitées*

### Le THÉ RUSSE
Specially prepared by Russian Expert.

———

### Les GAUFRES SAVOYARDES (chaudes)
(faites à la minute)

———

### STRAWBERRY ICE CREAM.
SAVOY SUNDAE

———

Les Chocolats de Paris

———

**AMERICAN COFFEE**

Thé      Café      Chocolat
Buns      Buttered Toast      Gaufres

**LES SANDWICHES de**
Cresson      Tomate      Œuf      Concombre
Jambon      Langue      Saumon Fumé
(sur demande)

**LA PÂTISSERIE FRANÇAISE.**
Gâteau Mascotte      Choux à la Crème
Gâteau Monte Carlo      Mille Feuilles
La Brioche Parisienne

———

La Salade de Fruits frais

**LES GLACES À LA CRÈME.**
Vanille      Fraise      Chocolat      Café

———

Savoy Fruit Cup
Orangeade      Citronnade      Café Viennois
Thé Glacé

* 萨沃伊酒店茶舞菜单，1928 年。

* 一份复制的 1928 年的菜单中记录了俄罗斯茶、萨瓦兰松饼、萨沃伊圣代、三明治、法式糕点和冰淇淋等各式美味食物。

苏格兰也有自己的茶舞聚会。伊丽莎白·卡西亚尼（Elizabeth Casciani）曾写道："爱丁堡的舞蹈和咖啡沙龙广场在 1926 年 9 月为茶舞聚会打开了大门。"这里不允许贩卖酒精，但是茶、咖啡、好立克（horlicks，一种以麦芽制成的热饮）、冻牛奶、热牛奶和保卫尔（bovril，一种牛肉汁）这些一应俱全，价格十分昂贵，一顿傍晚茶就得花上一先令九便士。在这里举办婚礼的价格更是让人咋舌，每人要花四先令六便士。为婚礼这种场合准备的菜单中，饮品一般会包含茶、咖啡、冰沙和气泡水（柠檬水），配茶的食物会包含各种三明治、手指三明治、麦芬、蛋糕、切片蛋糕、黄油饼干、什锦西饼、脆饼和巧克力饼干、水果和葡萄酒奶油果冻、凝脂乳糕、水果沙拉等。更盛大的场合也有价格更贵的菜单，比如还有每人五先令六便士的菜单，包括汤或葡萄柚汁，搭配蔬菜和土豆泥的牛肉派、冷盘肉和沙拉，以及两道可供选择的甜品和必不可少的茶。

茶会礼服早已变得十分流行。克罗齐耶夫人最喜欢的一个设计师叫作达夫·戈登夫人（Lady Duff Gordon，更正式的名字是露西尔夫人 Madame Lucile），她惯于将各种奢华面料比如雪纺、天鹅绒、网状面料和毛皮等组合起来，使成衣具有一种超凡的设计感和艺术感。到 1919 年，探戈鞋和短舞裙的搭配在茶舞聚会上已经随处可见，这种鞋子的特点在于鞋面上交织的绑带，而裙子的腰部一般会增加一条拉链，使它更适合舞者的需要。

对于探戈的狂热一直持续到 20 世纪 20 年代早期。对于其他舞种的狂热也陆续出现，从探戈到火鸡舞（turkey trot），从耸肩舞（the shimmy）到摇摆舞（the shake），从兔子拥抱舞（the bunny hug）到黑人扭摆舞（black bottom），从凯瑟走步舞（the castle walk）到林迪摇摆舞（lindy hop，以美国飞行员查尔斯·林德伯格命名）。1925 年，查尔斯顿舞（charleston）在伦敦的嘉年华俱乐部第一次演出，之后迅速在年轻人中引发了新一轮的狂热，随之而来的是鸡尾酒取代茶成为新风潮。华尔道夫酒店的茶舞聚会一直持续到 1939 年，一枚德国炸弹射中了棕榈广场的玻璃幕墙，从那以后，茶舞聚会被取消了。

## 战火下的喝茶时光

战事尽管导致了茶舞聚会的取消，却无法浇灭英国人对于喝茶的热情。1914 年，第一次世界大战爆发时，英国政府就意识到茶对民众的重要性，因此尽管战火大大提高了从国外进口茶叶的难度，却一直未将茶叶改为配额供给制。到 1917 年，英国的食物匮乏已经到了很严重的地步，人们担心不能买到足够维持生活的食物，店铺门口也开始出现排队抢购的人流。在这种情况下，政府不得不将糖、人造黄油变成配额制，却唯独留下了茶叶。

茶给前线艰苦作战的战士们带去了温暖和寄托，尽管在阵地上想要泡一壶茶可以说是困难重重，但士兵们仍然创造各种机会喝茶。除了日常的茶包外，还有一种压缩成药片形状的茶——茶片，放

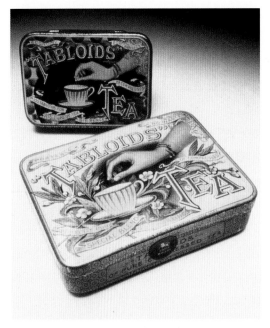

＊ 英国宝威公司生产的茶片铁盒两个。1900 年。

入沸水中就会变成茶。士兵们还能获得片状或是罐装的浓缩牛奶和茶点饼干。茶点饼干的政府指定制造商是亨特利和帕尔默斯公司（Huntley & Palmers Co.），彼时它是全世界最大的饼干制造商。茶点饼干的原料是盐、面粉和水，士兵们将这种饼干叫作狗粮饼干，因为它们硬到令人发指，只有在水或者茶中浸泡上一阵子才能食用，不然准会把牙崩掉。

　　基督教青年会为军队提供了巨大帮助，他们在火车站沿线和其他军队驻扎的地方开设了娱乐中心，这里不仅可以为战士们提供休息场所，还准备了茶、三明治和各种零食。经营红十字会餐厅的女性工人会为休假中的士兵们准备大量茶水，来为这些满身疲惫的人提升士气。

＊ 《维多利亚火车站的战士和水手自助餐》，菲利普·达德绘，1915 年。
＊ 插图上的男性们要不就是刚从前线回来，要不就是即将奔赴前线。志愿者们为他们准备好了免费的茶、咖啡、三明治和蛋糕，准备这些食物的资金主要来自当时的慈善捐款。

对于经历了第一次世界大战的普通家庭来说，准备一顿营养丰富的下午茶并不容易。斯普里格博士（Dr. Sprigg）在《食品及其保存方法》（*Food and How to Save It*，1918）一书中提供了一些在食物紧缺和配额制情况下准备儿童餐的方法。他建议的下午茶食物有面包、燕麦饼、人造黄油、牛肉滴水吐司（Dripping toast）、黑醋栗面包、土豆司康、大麦司康、年糕、燕麦姜饼、糖浆、果酱、水芹三明治、蔬菜水果沙拉和炖水果。

第二次世界大战前，人们的日子过得很紧巴。伊丽莎白·克雷格（Elizabeth Craig）在《1500 道日常餐点》（*1500 Everyday Menus*，1940）一书中提供了大量美味且廉价的傍晚茶食物示例。书里还教大家如何充分利用剩菜以及便宜、应季的食材。比如说，一月的第一个星期日适合的食物有沙丁鱼吐司、白面包、葡萄干面包、茶点蛋糕、葡萄干蛋糕、巧克力蛋白饼、姜饼和绿葡萄；而六月的第二个星期六适合的食物有梅尔顿莫布雷猪肉馅饼、西红柿洋葱沙拉、黑面包、苏丹娜司康、烙饼、泡芙、魔鬼千层蛋糕、核桃华夫和樱桃蜜饯。

整个二战期间，人们的生活都非常艰难，茶很好地鼓舞了人们的士气，甚至可以说，茶对于战争的结果起到了非常重要的影响。温斯顿·丘吉尔（Winston Churchill）说过，茶的重要性超过弹药。1942 年，历史学家 A. A. 汤普森（A. A. Thompson）曾经写道："人们总是在谈论希特勒的秘密武器，但英格兰也有自己的秘密武器，那就是茶。茶让我们的士兵、海军、妇女组织坚持到了最后。"

1940 年 7 月，政府对茶叶实行苛刻的配额制。五岁以上人口每人每周的份额只有两盎司（约 57 克），也就是说每人每周只能喝上两到三杯茶。对于在关键岗位上的人，比如消防员或是钢铁工人，配额会稍微高一些。丘吉尔作为当时的第一海军大臣，向大家承诺，海军军舰上的水手们不会受到配额的限制。1944 年之后，年龄在 70 周岁以上的人每周的配额增加到三盎司。一直到战后的 1952 年，配给制才被取消。

战争结束之前，英国红十字会向在战场上不幸被俘的英国战士们寄送了超过两千万个包裹，包裹中包括四分之一磅茶叶（由唐宁公司提供）、可可粉、一条巧克力、奶酪、炼乳、全蛋粉、一个沙丁鱼罐头以及一块肥皂。

在德国对英国发动轰炸突袭时，妇女志愿者们在城市街头设立了许多移动餐厅，她们为救援人员以及成千上万受轰炸影响的市民提供茶、咖啡和各种小吃。与此同时，里昂茶叶店采取各种办法，将战前一盎司茶叶只能制作 85 个茶包的技术提高到了 100 个。

从 1940 年到 1954 年期间，英国的很多食物都实行了配额制。配给额一直上下浮动，在最困难的时期，一个成年人每周的配给额只有：

4 盎司（113 克）培根和火腿

8 盎司（227 克）糖

2 盎司（57 克）茶叶

价值 1 先令的猪肉

1 盎司（28 克）奶酪

4 盎司（113 克）黄油

除此之外，每人还能领到一些烹饪用油和人造黄油，以及每月一次的果酱。对于英国的家庭主妇来说，要凭借如此微不足道的配额来为全家准备丰富美味的餐食（其中也包括傍晚茶）是一个极大的挑战。食品部出版了战时烹饪手册来帮助主妇们尽可能充分利用有限的食材。其中的一份手册《第七号：傍晚茶和晚餐》（*No. 7: High Teas and Suppers*）中记载了那一时期许多人们最爱的下午茶食谱，比如三文鱼丸子搭配蔬菜沙拉、加人造黄油和果酱的面包、奶酪通心粉，以及果酱馅饼。在配额制仍在延续的 1948 年，好管家协会（Good Housekeeping Institute）也出版了一本小册子《关于早餐和傍晚茶的 100 个妙招》（*100 Ideas for Breakfast and High Tea*），希望能够为主妇们提供一些新思路。

诸如菠菜洋葱圈、花椰菜派和马铃薯卷心菜泥这些食谱中用到的蔬菜，可能来自战时鼓励的家庭种植收获的蔬菜。对于荤菜，他们承认，"一周想要吃很多次肉是不大现实的，因此本食谱建议使用罐头食物或者不受配额限制的肉，或是加上四分之一磅的碎肉或咸牛肉……来确保一分一厘的肉都不会被浪费。"食谱建议中有咸牛肉炸馅饼、辣味香肠和奶酪菜（比如马铃薯奶酪吐司和加全蛋粉的咸味馅饼）这些便捷又有营养的菜肴。另外一道推荐的年度最爱菜谱是沙拉，通常只要几分钟就能完成制作。

战后，英国出现了很多街头茶话会，这些茶话会多是为孩子们准备的，很多人现在都还能记起那时候穿着最好的衣服去参加街头茶话会的场景。那时候，三明治中一般夹有午餐肉、红肉或是鱼酱，果冻上会淋卡仕达酱，还会有加了糖霜的庆祝蛋糕。街头茶话会至今都广受欢迎，尤其是在一些重大场合，比如 1977 年的女王登基 25 周年纪念日，1981 年查尔斯王子和戴安娜王妃的婚礼庆典，2012 年的女王钻石婚庆典以及 2016 年的女王 90 岁生辰庆典。

从战时一直到 20 世纪 50 年代，出去喝茶的人渐渐变少了，再加上法律对于员工工资和工作环境的要

\* 女王加冕街头派对，1953 年。

\* 村民们用游戏、铜管乐队以及为孩子们举办的美味茶会来庆祝伊丽莎白二世的加冕。

求变高，经营茶店的成本也迅速增加，自助咖啡吧成为新的时尚，人们对外出喝茶的热情减退了。

尽管如此，茶仍然是 50 年代英国人最喜爱的饮品，并随着茶包进入英国市场获得了更多人的喜爱。茶包是一位名叫托马斯·沙利文（Thomas Sullivan）的纽约茶叶进口商在 1908 年发明的，茶包的出现不仅革新了整个茶叶产业，而且大大改变了人们的喝茶习惯。历经了几个世纪之久的泡茶传统被这种简单快捷的方式所取代。今天，茶包在整个英国茶叶市场占据的份额已经达到了 96%。

同样是在这段时间里，三餐的形式也发生了改变。下午茶变成了下午三四点钟的一杯茶加一块饼干或一片蛋糕，从某种意义上来说，之前的下午茶习惯已经消失殆尽了。尽管在英国的某些地区，尤其是北部，工人阶层还会在五六点钟用傍晚茶，但是对于大多数人来说，随着工作方式的转变，傍晚茶被移到了更晚，最后与晚餐并在了一起。

---

**※ 延伸阅读：茶女郎和茶歇传统**

茶女郎最早出现在军用物资工厂中，她们的出现提升了工人的效率，后来，茶女郎也开始出现在其他工作场所。到 1943 年，已经有超过一万家餐厅为员工提供茶水和其他食物来保证他们能够撑过长时间的工作。

这就是最早的茶歇，茶女郎们会推着茶水车在办公室的走道间来回走动。这种形式在 20 世纪 50 至 60 年代的办公室和工厂中十分常见。茶水车上的饮食几乎可以满足茶歇的全部需要：大水壶中装满了热水或是已经泡好的茶水，还会有各种蛋糕、面包、饼干和其他小零食。除此之外，从 20 世纪初开始，各大主要车站，例如约克站、帕丁顿站和尤斯顿站也可以见到茶女郎的身影。到了 20 世纪 60 至 70 年代，随着工作方式的转变以及茶歇传统的式微，再加上自动贩卖机和咖啡厅的出现，那些推着茶水车的茶女郎渐渐消失不见了。

\* 1908 年的尤斯顿车站，茶水车上摆放着茶和其他食品供乘客们选购。

\* 20 世纪 40 年代，一群茶女郎推着她们的茶水车，为萨里郡米查姆社区的菲利普斯灯泡工厂的工人送去茶水和点心。

### ※延伸阅读：疯帽子的茶会

以"疯帽子"作为主题的茶会在家庭、茶室及酒店变得非常流行，《爱丽丝梦游仙境》是路易斯·卡罗于 1865 年完成的作品，书中描绘的茶会成为文学作品中知名度最高的茶会。全书充满了谜题、胡言乱语和奇思妙想。比如，在疯帽子的世界里，永远都是下午茶时间，因为他的手表停在了下午六点。

"再多喝一点茶吧！"三月兔认真地对爱丽丝说。

"我还一点都没喝呢？所以不能说再多喝一点了！"爱丽丝回答道，语气有点不高兴。

"你应该说不能再少喝点了，"疯帽子说，"比一点没喝再多喝一点是最容易不过的了。"

这下爱丽丝不知该说什么了，只得自己倒了点茶，拿了点黄油面包。

\* 约翰·坦尼尔（John Tenniel）为路易斯·卡罗的《爱丽丝梦游仙境》绘制的疯帽子茶会插图。

Chapter Two

第二章

*Europe*

欧 洲

　　在大多数欧洲国家，茶的名气比不过咖啡。但喝茶的习俗仍然十分流行。第一批茶叶是在 17 世纪早期由荷兰商人带到欧洲大陆的。荷兰商人在 1610 年第一次将日本绿茶运到了阿姆斯特丹的港口，然后开始在欧洲其他国家，例如德国、法国、英国和波兰进行销售。于是，欧洲也逐渐形成了自己的喝茶传统。

# 荷兰，把第一批茶叶运到欧洲的国家

◆

　　茶叶首次到达欧洲大陆时，还是一种昂贵且充满异国情调的玩意儿，只有富人阶层才能享受。茶本身的苦味以及传言中的健康属性，使它被认为是一种药用饮料。1657 年，布朗特科医生（Dr. Brontekoë）——当时人们称他为"好茶先生"，公开赞美了茶的神奇效用，并给高烧病人开出了每天饮用 40 到 50 杯茶的药方。

　　从茶叶传入荷兰之始，人们就选择了不在正餐时间饮茶，而是为茶创造了新的一餐。在城市里，人们在喝茶时会配蛋糕、点心和饼干；而在乡村，人们习惯用面包干或者奶酪面包佐茶。

　　在荷兰，举办茶会成为财富和社会地位的象征。要知道，荷兰商人们带回来的不只有茶叶，还有来自中国的精致昂贵的陶瓷茶具。当时人们普遍认为在招待客人喝茶和品尝其他美食时，茶具是非常必要的。最初，欧洲陶工们用锡釉陶器来模仿中国陶瓷，而且还生产出了彩陶。后来，荷兰艺术家成功习得中国青花瓷的色彩和神韵，制成了真正的瓷器。因为这些瓷器产于代夫特附近，所以被称作代夫特瓷器。除了中国瓷器之外，人们还会用到产自日本和越南的盘碟和用黄金制成的茶匙。

\* 《喝茶时间》，扬·约瑟夫·霍尔曼斯（Jan Josef Horemans）绘，1750—1800 年。

备茶、上茶和饮茶都是在专门的房间中完成的，除了用到珍贵的茶叶外，还会加入同样珍贵的砂糖进行调味。房间里的家具包括能够储放茶杯、糖盒以及银汤匙和藏红花罐的茶几和椅子。端上的茶水里通常会加上藏红花粉，茶杯是盖住的，这是为了保持原有的风味。对于追求精致的女性来说，喝茶的礼仪是将茶水倒入碟中饮用，这种饮茶方式在荷兰被称为碟饮（schotel drinken）。直到今天，某些乡村地区还沿袭着这一习惯。

今天，荷兰的茶叶大多从印度尼西亚（荷兰过去的殖民地）进口，其次是斯里兰卡。尽管今天的荷兰人更偏爱咖啡，但在早餐和午餐时以及晚餐后喝茶的习俗仍然十分流行。早间休息通常喝咖啡，但午间休息仍是下午茶时间，大家一边喝茶，一边吃些甜味零食，比如饼干、巧克力和一种叫作小鼠（muisjes）的糖衣茴香点心。还有一种类似薄脆华夫饼的焦糖色茶歇点心，叫作糖浆华夫饼（stroopwafel），这种茶点源自豪达市，据说是一个烘焙师在1784年用烘焙的边角料做成的。这种华夫饼一般放在茶杯上，热茶产生的蒸汽可以让糖浆变软，同时散发出一种类似于肉桂的香味。

\* 茶杯上的糖浆华夫饼

荷兰有很多地方提供下午茶（通常称为"傍晚茶"）。代夫特的茶室会使用代夫特瓷器为顾客上茶；而阿姆斯特丹的加尔丁茶室则可以为顾客提供种类繁多的傍晚茶以及各种汤、乳蛋饼、咸味泡芙点心和各色蛋糕。

# 德国，喝不到三杯茶是不礼貌的行为

◆

　　1610 年，茶叶首次由荷兰进入德国。当时靠近荷兰边界的德国城市——东弗里西亚与荷兰东印度公司之间有贸易往来，在不到一百年的时间里，茶迅速成为东弗里西亚最受欢迎的饮料（当时的茶比国产啤酒便宜）。

　　来自中国的瓷器同样受到东弗里西亚人的追捧。德国也是最早发现中国瓷器秘密的国家。德国迈森公司（Meissen）从 1709 年就开始自行生产瓷器了。最早的茶具设计以中国瓷器为模本，茶杯小而无柄，碟子很深，接近浅碗的形状。这一时期，欧洲的皇室公主和国王们纷纷在自己的花园中加盖茶室，其中最有名的例子之一是，普鲁士的腓特烈二世 1756 年在波茨坦的无忧宫（Sanssouci Park）盖的中国茶室。

\* 位于波茨坦无忧宫的"中国茶室"是一座造型美观、充满异域风情的花园凉亭，建于 1754—1764 年。
\* 普鲁士的腓特烈二世用它来装饰自己的花园。这座凉亭的建筑风格是当时流行的中国风。凉亭外镀金棕榈树形状的柱子周围，摆放的是精灵一般的中国音乐家和正在喝茶的男男女女的塑像。

　　到了 18 世纪末期，早餐喝茶已经成为人们日常生活的一部分。艺术圈对于喝茶也十分热衷，歌德认为茶会是接待朋友的最好方式。

　　柏林有一家名叫斯蒂利斯（Stehelysh）的茶点心店，当时有一大批画家、演员、作家和外交官在这里集会，通过喝茶来获得灵感，诗人海因里希·海涅（Heinrich Heine）正是在这里写下了关于

茶的名篇:

> 他们围坐在茶桌前喝茶,
> 讨论着与爱有关的话题,
> 以美学为业的男人们正在思考,
> 淑女们更擅长于感受。

尽管今天的德国人更习惯喝咖啡,喝茶还是被当作一件要紧事来看待。东弗里西亚人平均每天会喝 2 到 4 次茶,除了早餐和晚餐会喝,还有上午十一点的早茶时间以及下午三点的下午茶时间。最常见的茶叶是锡兰茶和阿萨姆茶混合制成的茶叶,味道浓烈,气味芬芳。东弗里西亚的泡茶习惯也很特别,会用到奶油以及一种叫作克鲁特耶(kluntje)的冰糖。首先在玻璃杯或瓷杯中加入一块克鲁特耶冰糖,然后再将浓烈的红茶倒入杯中,可以听见茶水击打在冰糖上的声音,之后,会用一种叫作罗门匙(rohmlepel)的特制勺子将奶油沿着杯子内侧小心倒入杯中,奶油从热茶中升起,变成云朵的样子。茶水不用搅拌,所以喝茶的人首先感受的是奶油的细腻口感,随后是热茶的苦味,最后才是冰糖的甜味。传统习惯是饮上三杯茶,实际上对于客人来说,喝不到三杯茶是非常不礼貌的行为。喝完后,需要将茶匙放在杯子上表示已经喝够了,不然主人便会不停地往杯中续茶。

东弗里西亚人喜欢用瓦伦多夫(Wallendorfer)瓷器公司生产的德累斯顿系列茶具喝茶,这是一家成立于 1764 年的茶具制造公司。有两种花纹格外受人们的欢迎:一种是蓝色的,名为"蓝色德累斯顿"(Blau Dresmer);另一种是红牡丹(也叫红玫瑰)花纹的"红色德累斯顿"(Rood Dresmer)。一套茶具中包括奶油罐、茶壶和几只茶杯。

\* 东弗里西亚的奶油茶(Tee mit Sahne),意思为茶和云朵状的奶油,盛放在著名的红牡丹或玫瑰图样系列茶碟中。

除了东弗里西亚，茶在德国其他地区也很受欢迎。德国是世界顶尖茶叶（例如大吉岭茶）最大的消费国。2014 年，德国的茶叶进口达到了历史新高。汉堡港是欧洲茶叶批发贸易的中心，茶叶出口贸易也十分繁荣。德国的不来梅（Bremen）因为拥有不来梅海港，也是重要的茶叶贸易发生地。为了满足需求，当地建立了很多茶室，其中包括一处位于中世纪庭院里的叫作施诺尔（Schnoor）的茶室，这家茶室供应超过 80 种不同的茶以及各种自制蛋糕。茶叶和其他手工艺品一起放在一楼售卖。

## 法国，巴黎女人们根本不懂怎么喝"法式下午茶"

\* 布面油画《静物：茶具》，让 - 埃蒂安·利奥塔（Jean-Étienne Liotard）绘，1783 年。
\* 这幅油画中有一个托盘，上面放有六套杯碟，一个茶壶，一个糖罐，一个牛奶罐和一个有盖的茶叶罐。盛有茶杯和茶碟的大碗可能被当作茶洗使用，除此之外还有一个盛放黄油面包的盘子。

茶在 17 世纪中期到达法国后，成为富裕阶层的时尚饮品。后来，喝下午茶成为中上阶层的社交习惯，这在马塞尔·普鲁斯特（Marcel Proust）的小说中有着详细的叙述。法国精致的饮茶方法和习惯被称作"法式下午茶"，直到今天还十分引人注目。香气四溢的混合茶、精美的法式蛋糕和著名的茶香果冻等茶食共同构成了法式下午茶的一部分。

荷兰东印度公司在 1636 年第一次将茶叶运到法国。最开始，茶叶被认为是一种药物，在药店售卖。医学专家就喝茶的功效进行过一番争论。享有盛名的法国医师和作家盖伊·帕丁（Guy Patin）将茶形容为"本世纪无关紧要的新鲜玩意儿"；亚历山大·罗兹神父（Father Alexander

Rhodes）则写道："人们必须把茶作为一种珍贵的药物，它不仅对于治疗神经性头痛卓有成效，也是治疗痛风和结石的特效药。"

据说是路易十四（1643—1715 在位）年轻的首席部长马扎林（Mazarin）将喝茶的风气引入了法国皇家法院，他每天都要喝大量的茶来缓解自己的痛风症状。到了后来，路易十四自己也用喝茶来减轻痛风的痛苦。

1680 年，著名的书信体作家赛维涅夫人（Madame de Sévigné），在给一位身体欠佳的朋友写信时劝她把牛奶加在热茶中喝。她写道："萨布里埃夫人近来也是把牛奶加进茶里喝，因为她喜欢这个味道。"1684 年，她在另一封书信中写道："塔伦特公主每天都要喝 12 杯茶，公爵先生一天要喝 40 杯。那时他都快死了，显然是茶让他复活了"。

在路易十四王朝晚期，茶变成了一种能给人带来愉悦和快乐的饮品。很多社会名流纷纷成为茶的拥趸，其中就包括剧作家保罗·斯卡龙（Paul Scarron）和让·拉辛（Jean Racine）。然而在很长时间里，茶叶的价格还是要远远高于咖啡，喝茶还要搭配价格不菲的瓷制或银质茶具，这些都使得喝茶的习惯没有得到广泛传播。

1700 年，法国货轮阿芙罗蒂特号从中国返航，带回来了一整船的茶叶、丝绸、漆器和瓷器。1745 年，法国人开始在文森堡制造软质瓷器。1756 年，他们把工厂搬到了赛夫尔（Sèvres）。1772 年在里摩日（Limoges）发现高岭土之后，塞夫尔的瓷器工厂开始制造以质量上乘而远近闻名的硬质瓷器。被涂成深蓝色、绿松石色、黄色、苹果绿和玫瑰粉色（也叫作蓬巴杜粉色，以塞夫尔陶瓷工厂最重要的出资人蓬巴杜夫人命名）的精美茶具被设计出来。

＊迪尔和格哈德（Dihl et Guerhard）公司为路易十九设计的旅行茶具套装，1788 年。

　　画家克劳德·莫奈（Claude Monet）也酷爱喝茶。1883 年，他搬去吉维尼宅邸后，只要天气允许，就会在花园中享用下午茶。尽管莫奈本人以内敛沉静著称，日常生活也完全围绕绘画展开，但是他也热爱舒适的生活和美好的食物，并且享受和朋友们在一起的时光。他的许多好友都是当时各个领域的领军人物，其中包括政治家克列孟梭以及一些印象派画家，例如雷诺阿、毕沙罗、希思黎、德加和塞尚。其他的常客还有罗丹、惠斯勒、莫泊桑和瓦尔里。待客时，茶桌会被摆放在池塘边或阳台边的柠檬树下。莫奈喜欢浓茶，茶叶一般购自卡多玛商店。他用来招待客人的食物有司康、栗子饼干和肉桂卷，而他本人最爱的则是热那亚蛋糕、橙子蛋糕、玛德琳蛋糕和法式吐司。喝完茶，他会邀请客人们上楼去看看他私人珍藏的画作。莫奈不会留客人吃晚餐，因为他每天必须很早上床睡觉，才能保证第二天黎明就能起床。

* 油画《茶具》，莫奈绘，1872 年。
* 红色的漆器托盘充满了戏剧张力，蓝白相间的茶具则展示了莫奈对于东方艺术和东方器皿的热爱。

　　喝茶真正流行起来是在 19 世纪末期，随着新的资产阶级的产生以及茶室的诞生，人们开始喝"五点茶"。19 世纪 80 年代，一对姓尼尔的英国兄弟在巴黎开了第一家茶室，他们最早是在自己位于里沃利街的协和文具书店里供应茶和饼干，但最终在楼上开了一家真正的茶室。后来这家店更名为史密斯父子公司（W. H. Smith & Sons Co.）——一家以茶室闻名的英国书店。1898 年，商人奥古斯特·福雄（Auguste Fauchon）在玛德琳广场上开了一家大型茶室，他不惜成本雇佣了全巴黎最好的点心师。

茶室在巴黎一出现就一发不可收，那些不能进入咖啡馆的女士们可以在这里与她们的朋友见面，也可以在购物完后在这里歇歇脚，喝杯茶来恢复精神。

\* 美好时代的巴黎，茶室中的人们彬彬有礼地用着五点茶。

拉杜丽也是巴黎早期的一家茶室，始建于 1862 年。当时的路易斯·欧内斯特·拉杜丽（Louis Ernest Ladurée）在巴黎市中心的皇家路 16 号开了一家烘焙坊，1871 年的一场大火后，房屋被烧毁，重建后改成了一家糕点店。路易斯与妻子珍妮·萨沙德（Jeanne Souchard）一道成功将巴黎咖啡馆的风格和法式糕点结合在一起，创造出了之后所说的茶室。朱尔斯·谢雷特（Jules Chéret）受托进行茶室设计，他在天花板画上了穿着糕点师服装的胖小天使，墙上摆满了镜子，方便客人们对镜梳妆。1930 年，拉杜丽的孙子——皮埃尔·德方丹斯（Pierre Desfontaines）想到在一对马卡龙壳中间填上奶油巧克力酱，这使得拉杜丽糕点店名声大振，他们生产的"彩虹色"马卡龙远近闻名。与此同时，德方丹斯在糕点店里加开了茶室。这次投资在女性中大受欢迎，她们终于有了会见好友的新去处。

1903 年，奥地利点心师安托万·鲁珀尔迈耶（Antoine Rumpelmaye）在里沃利街 226 号开了一家茶室。一开始，这家茶室被命名为鲁珀尔迈耶，后来为了纪念他的儿媳妇，这家茶室更名为安吉丽娜。安吉丽娜茶室是由法国建筑家爱德华 - 简·尼曼斯（Édouard-Jean Niermans）设计的，它高雅、迷人、精致的风格迅速吸引了追求时尚的人群，其中就包括马塞尔·普鲁斯特（Marcel Proust）。他在《追忆似水年华》（*A la recherche du temps perdu*）中回忆了安吉丽娜茶室的茶和玛德琳蛋糕。在小说第一卷《在斯万家那边》（*In Swann's Way*）中，他一下子就捕捉到了这家茶室的时尚之处：

> 她（奥黛特）的语气变得严肃、担忧和暴躁，可能是因为担心错过花展，也可能只是担心赶不上皇家路茶室有松饼和吐司的下午茶。她认为一个有风度的女人是应该准时到场的……

普鲁斯特还回忆了他小时候吃到蘸了茶水的玛德琳蛋糕的情景，他这样写道：

> 她送出了一块叫作"小玛德琳"的短短胖胖的小蛋糕，看起来像是放在扇贝带槽的那一半壳里成型的。很快，被沉闷的今天以及看来同样令人沮丧的明天搞得灰心丧气的我机械地将一汤匙茶水举到了唇边，茶水里被我加了一小撮蛋糕。还没来得及让温热的茶水和蛋糕屑触动我的味蕾，一种奇怪的战栗穿遍了我的全身，我停了下来，认真感受这件发生在我身体上的奇怪事情……忽然间记忆就全都回来了，关于玛德琳蛋糕的碎屑的味觉感受，那个时候，在康布雷的每个周日早晨（因为在那些早晨我不会提早出门），当我去列昂妮阿姨的房间和她说早安时，她总是会给我一块蘸好茶水的玛德琳蛋糕。在我尝到它的味道之前，玛德琳蛋糕并没有唤起我一丝一毫的回忆。

\* 巴黎的安吉丽娜茶室。1903 年。

可可·香奈儿（Coco Chanel）通常会坐在安吉丽娜茶室的 10 号桌边，据说她每天都会去那儿喝上一杯热巧克力。桌子旁边有一面镜子，香奈儿喜欢通过镜子小心翼翼地观察周围的世界。

在事业发展的早期，可可·香奈儿喜欢在自己位于康朋街 31 号店铺楼上的时髦公寓里举办时尚茶会。她会邀请一群朋友、同事和记者，招待他们喝装在纯银茶壶里的锡兰茶（她喜欢在茶里加柠檬），佐茶的点心是从丽兹饭店订购的马卡龙、吐司、果酱和鲜奶油。

巴黎也会举办茶舞。1913 年 3 月 20 日的芝加哥《每日论坛报》（*The Chicago Daily*）刊登了一篇题为《巴黎举办茶舞，深受上层社会人士喜爱》的报道，文中写道：

> 鲁珀尔迈耶茶室是里沃利街上名声赫赫的喝茶之地，每一个踏足巴黎的芝加哥人都对此地津津乐道。这家茶室引领了被命名为"跳舞茶"的午后活动新潮流，并获得了巨大成功。在这座建筑里，他们配上了阵容豪华的管弦乐队，从下午三点到七点演奏来自美国的音乐——拉格泰姆、华尔兹舞曲、加洛普舞曲、两拍舞曲和进行曲。大厅四周的走廊上供应茶水，以及鲁珀尔迈耶最有名的挞类和蛋糕。付过五法郎入场费，就可以享受到无限量供应的茶水和点心，也可以尽情沉浸在美好的音乐和舞池中。

茶室这一时髦所在也传到了高级酒店，比如巴黎的丽兹酒店。但也不是人人都爱下午茶，埃斯科菲耶（Escoffier）就宣称："怎么会有人在吃完果酱、蛋糕和点心后的一两个小时就能享受最最重要的正餐，人们怎么细细品味正餐食物和红酒？"在一些海滨度假酒店，例如比亚里茨的皇宫大酒店和卡堡的豪华大酒店，游客们可以在阳光明媚的看台或是能观赏海景的房间享用下午茶，酒店茶室的装修豪华精致，充斥着装饰镜、水晶吊灯和大理石茶桌。这里同样会举办茶舞聚会。

在法国，茶室与咖啡厅大不相同，后者终日烟味弥漫，被认为是男人的地盘；茶室则在很长一段时间里，是唯一一处女性即使经常光顾也不用担心名誉受损的公共场所。另外，法国的咖啡馆一般向街，吵闹，欢快；茶室一般开在建筑的二层，客人可以在私密的环境中品尝好茶，不用担心街上行人的侧目。尽管如此，关于巴黎女士们到底消费了多少茶还有些争议。实际上，就像烹饪历史学家迈克尔·克朗德尔（Michael Krondl）在《甜食的发明》（*Sweet Invention*，2011）中所说的，巴黎女士们的乐趣既不是源于饮料本身，也不是来自佐茶的糕点。小说家珍妮·菲洛蒙·拉珀什（Jeanne Philomène Laperche，曾使用笔名皮埃尔·德·库伦 Pierre de Coulevain）在 1903 年写道：

> 在过去五年的时间里，茶室像雨后春笋般在巴黎街头涌现，无论是在康朋街、里沃利街、圣奥诺雷路，还是通往卢浮宫或乐蓬马歇百货公司的路上都可见到茶室的身影。在这点上，巴黎已经超过了伦敦。这是不是就意味着法国的女人们爱上喝茶了呢？并非如此，我甚至可以说，她们永远也不会爱上喝茶。她们

* 《在多维尔的五点钟茶会上》，埃德蒙·布莱皮迪（Edmund Blampied）绘，1926 年。
* 多维尔马球场的下午茶给人留下了深刻印象。第一次世界大战后，喝下午茶已成为欧洲大陆的流行时尚。

既不知道茶应该怎么喝，也对备茶和上茶的过程一无所知。对于心不在焉地咽下茶水的她们来说，这只是一种液体而已。茶水让她们神经兴奋，却不会带给她们愉悦。她们甚至无法做到询问几次："喜欢浓茶还是淡茶？要放几块糖？要加奶还是加柠檬？"即使问了，她们也不在意得到的答案。茶室只是为她们在购物和试衣服的间隙提供了一个很好的休息场所，在这里她们可以好好地喝上一杯热巧克力。这么说来，茶室很好地满足了巴黎女性的社交需求。

法式下午茶的特别之处除了精致的喝茶方法，充满异域风情的调制茶饮外，还有佐茶的点心。这种法国艺术在 17 世纪末期发展成熟，在玛丽·昂端·卡汉姆（Marie Antoine Carême，1783—1833）之后达到了令人惊叹的高度。卡汉姆是 19 世纪最负盛名的糕点大师，由她开始，法国的糕点厨师们陆续创造出了各种精美的点心，例如法式千层酥、苹果挞、圣奥雷诺蛋糕、欧培拉等奶油蛋糕。法式下午茶也会供应一些味道更为清淡的点心：玛德琳蛋糕、费南雪蛋糕、可颂、奶油卷、巧克力蛋糕或者搭配水果罐头的麦芬和吐司。

＊ 巴黎安吉丽娜茶室的糕点柜台

安吉丽娜茶室至今仍以它的非洲热巧克力和各类点心远近闻名，其中就包括蒙布朗蛋糕。拉杜丽茶室的甜点则以焦糖梨挞、欧培拉奶油蛋糕以及色彩鲜艳的马卡龙最受喜爱。

从 1970 年开始，法国有越来越多的茶室开张。1985 年，历史悠久的米拉奇兄弟公司（Mariage Frères Co.）在巴黎的布尔格地堡街开了第一家茶叶专营店和茶室。米拉奇家族从 17 世纪中叶开始涉足茶叶贸易。1854 年，亨利和爱德华兄弟（Henri and Edouard Mariage）共同建立了米拉奇兄弟茶叶公司，他们在巴黎开了第一家茶叶批发商店，以销售世界上最罕见的茶叶闻名。在一百多年后的 1983 年，公司业务从批发转型为零售。两个"外来者"——泰国的基蒂·查桑曼纳（Kitti Cha Sangmanee）和荷兰的理查德·布埃诺（Richard Bueno）的加入给这家公司带来了新的血液，公司开始试水在巴黎市中心开设茶室。

这两个外来者是在 1987 年被另一位爱茶人士——法兰克·迪森（Franck Desains）引荐加入米拉奇兄弟公司的。这三个男人共同开发了后来人们熟知的法式下午茶，给茶水配上美食，还增加了熏茶和香片茶等新品种。他们还开发了包括茶味果冻在内的以茶叶为原料的美食。米拉奇兄弟公司目前拥有四家茶室，饮茶爱好者可以在优雅的环境中享用一顿丰盛的下午茶，可供选择的有各种茶叶以及各式茶味点心、三明治、花式糕点或者玛德琳蛋糕、费南雪蛋糕、司康和麦芬。

除了外出饮茶，法国人还习惯下午在家吃一种叫作"四点钟"的零食（le goûter，有时也被叫作 le quatre heures）。这主要是为放学回家的孩子们准备的，可以让饥肠辘辘的他们撑到晚餐时间。这种零食通常是加黄油和果酱（或者抹上巧克力酱）的法式圆面包或面包圈，或干脆是巧克力面包。家长通常不会给孩子们准备茶或咖啡——因为这两种饮料中含有让小孩兴奋的成分，而是让他们喝热巧克力或橙汁。法国人把在家招待客人的正式场合叫作"五点钟"（le five o'clock），时间一般是在下午的五点到七点。法国人在这一场合非常注重时尚，女主人会精心选择茶叶、蛋糕、挞类、小果子馅饼、马卡龙和其他糕饼，她们最为得意的精致茶具也会整齐地摆放在茶几上。过去茶会的参加者主要是女性，因此经常会准备桥牌或是凯纳斯特纸牌（canasta）一类的游戏。吉赛尔·阿萨伊（Gisèle d'Assailly）在《美食即艺术》（*La Cuisine son-sidérée comme un des beaux-arts*，1951）中描述了应该如何举办下午茶茶会：

> 我们到达的时候恰好是下午茶时间：一边喝茶，一边聊天，玩桥牌或是凯纳斯特纸牌……在私下的场合，茶水会和三明治、蛋糕一起放在推车上推进来，有时候茶水也会放在外面的客厅里，而茶壶总是最晚到达的，旁边放着一壶烧好的热水。任何情况下，银器和锡器都要保持一尘不染，餐巾和桌布必须是绣花或是蕾丝镶边的。

Service à thé
en argent
de **MAPPIN & WEBB** *(France) Ltd*
BIJOUTERIE — ORFÉVRERIE

1, Rue de
la Paix
**PARIS**

LONDRES □ BIARRITZ □ NICE □ MONTE-CARLO

\* 银质茶具，马平与韦伯（Mappin & Webb）明信片。巴黎，1920 年。

# 爱尔兰，一杯好茶应该浓到"能让老鼠都跑起来"

◆

那是过去最美好的时光，

我不知道你是否也同意，

四点钟你把烧水壶摆上炉灶，

到了喝茶的时候，

小心翼翼将托盘摆满，

特意为两个人准备的，

最最美味可口的三明治，

几片饼干，不要太多，

明亮的球形茶壶还在等待，

烧水壶发出快乐的音节，

朋友与你一起分享，

最快乐的下午时光。

根据"巴里的茶"（Barry's Tea，爱尔兰家喻户晓的茶叶品牌，成立于 1901 年）的说法，爱尔兰是世界上人均喝茶量最多的国家，平均一个爱尔兰人每天会喝上 6 杯茶。爱尔兰人偏爱浓茶，倒茶前会先往杯子里加大量的全脂牛奶。常听爱尔兰人说，一杯好茶应该浓到"能让老鼠都跑起来"。爱尔兰人经常将浓郁的阿萨姆茶叶与锡兰茶叶或者非洲茶叶混合冲泡。他们喝茶的时间一般是在早餐时、上午十一点左右、下午四点左右，以及下午六点的傍晚茶时间。

在 19 世纪以前，爱尔兰只能在东印度公司的垄断下从英国以高价进口少量茶叶。因此，茶叶只有富裕阶层可以享受到。1833 年，东印度公司的垄断结束，商人们终于可以自行进口茶叶。1835 年，查尔斯·贝利（Charles Bewley）通过海拉斯号史无前例地从中国广东进口了 2099 箱茶叶。几个月之后，马德林号又运来了 8623 箱茶叶，这可能占了爱尔兰当时茶叶年消费量的 40%。

1840 年到 1890 年间，爱尔兰人的饮食习惯发生了巨大改变，茶叶消费量也急剧增加，喝茶的习惯在爱尔兰人之间流行了起来，他们一般会在茶水里加上一些糖，并配白面包食用。毫无疑问的是，很多人都是在乡绅家中做用人时养成的喝茶习惯。威克洛郡的伊丽莎白·史密斯（Elizabeth Smith）在日记里这样抱怨一个新来的用人："她居然想像其他女佣一样在早餐时喝茶！要知道她之前一天只能吃上一顿饭，除了干土豆之外没别的食物。"

1890 年，爱尔兰人平均每天喝 3 到 4 杯茶，医生不得不给出建议，过量饮茶以及不良的饮食会导致精神类疾病。"喝茶正在成为一个诅咒，"莱特肯尼的摩尔医生写道，"人们对茶的渴望就像酒鬼对酒精一样强烈。"

爱尔兰的家庭下午茶是一项非常家常的活动，一般会在下午四点左右进行。工作日准备的食物一般很简单，只有一杯茶、一块黄油面包，间或加上一两片饼干而已。周末的下午茶比平时稍微豪华一些，会加上三明治。布里奇特·哈格蒂（Bridget Haggerty）在《下午茶的回忆》（*Memories of Teatime*）中回忆了她在童年时代——20世纪50年代的下午茶。下午茶是一天中的最后一餐，也是她最喜欢的一餐。食物一般是马麦酱配上西洋菜三明治或是配上希帕酱（Shippam）的三明治。在那些艰难时日里，有时候只能吃到用周日烤肉剩下的油做成的三明治。有时候她的母亲会给她吃焗豆吐司或是溏心煮鸡蛋配上切成竖条的烤面包。冬天，他们有时候会吃威尔士干酪或者热面包加甜牛奶。另一种在冬日常见的下午茶食物是热气腾腾的黄油烤饼。

著名的美食作家、厨师、酒店经营者、教师默特尔·艾伦（Ballymaloe Myrtle Allen）记得，她小时候最喜欢的事情就是在炎热夏日里，去科克海岸边的一个遍布石子的小海湾野餐。游过泳后，她还湿漉漉地发着抖，妈妈已经准备好了午餐——加了大块黄油的土豆，配菜是冷盘鸡肉、火腿、肉冻和沙拉。她还记得，在下午四点半左右，她会从泉眼里盛出新鲜的温泉水给妈妈煮茶，并趁煮茶的工夫回海里再游一会儿。在她记忆中"配茶的是刚抹上黄油的提子面包切片，有时候也会有饼干和蛋糕"。还有一次，她受邀前往一个大户人家，"招待的下午茶食物是小小的司康配上自制果酱和浓稠的奶油，而不是黄油和松软的海绵蛋糕"。

有些人家的下午茶时间是晚上六点钟，在作家和电视名人莫妮卡·谢里登（Monica Sheridan）的记忆里，茶是和水煮蛋、培根炒蛋、冷盘肉以及沙拉联系在一起的，除此之外还会有各种家庭自制面包和蛋糕。《烹饪的女人》（*The Cookin' Woman*）的作者弗洛伦斯·埃尔文（Florence Irwin）这样回忆农家下午茶的情景：

> 我第一次在一餐里吃下两个鸡蛋，面包刚从烤箱里拿出来，海绵蛋糕和果仁蛋糕都十分美味，喝完茶的孩子们唱着学校教的歌谣，泥炭火堆燃烧着，这一切都让我记忆如新。还有那些真正的下午茶美食，家养的鸡肉、火腿以及各色蛋糕，全都摆放在铺着锦缎的餐桌上，这些锦缎可是所有阿尔斯特妇女的心肝宝贝。

面包是爱尔兰烘焙传统的核心，食物历史学家丽贾娜·塞克斯顿（Regina Sexton）是这么说的：

> 苏打面包、苏打司康、甜甜的黄油乡村蛋糕、燕麦饼、麸皮面包、苹果挞、土豆蛋糕、土豆苹果蛋糕、玉米面包、白脱面包、硬皮小麦面包、姜饼、香芹籽蛋糕、李子蛋糕、红茶面包、提子面包、重油水果蛋糕和煎饼……老实说，没有人不会被爱尔兰了不起的烘焙传统折服。

司康和饼干的丰富程度也同样让人惊叹。白脱牛奶（牛奶制成黄油之后剩余的液体）是乡村人日常饮食的重要组成部分，也是爱尔兰烘焙——尤其是面包制作的关键原料。白脱牛奶增加了酸味口感，苏打碱中的碳酸氢盐可以代替酵母起到发酵的作用。如今，由于大部分牛奶都直接被送到乳脂厂，白脱牛奶就没那么常见了。爱尔兰人对土豆有着深厚的感情，在日常饮食中也非常依赖土豆，他们想出了各种烹饪土豆的方式，包括著名的土豆面包、土豆煎饼、土豆切饼、土豆饺子以及爱尔兰土豆泥和卷心菜土豆泥。这些食物经常出现在下午茶的餐桌上。

\* 爱尔兰的做媒，两个老年女性一边喝茶，一边就婚事讨价还价，被牵线的男女双方饶有趣味地看向对方。1908 年。

# 意大利，喝茶最少的国家却有最受欢迎的茶室

与爱尔兰恰好相反，意大利是全世界喝茶最少的国家。但说到茶室，却不得不提意大利的巴宾顿（Babingtons）茶室。

19 世纪末，年轻的伊莎贝尔·嘉吉（Isabel Cargill）和安妮·玛丽·巴宾顿（Anne Marie Babington）将喝茶的习惯引进了视咖啡如命的罗马。伊莎贝尔·嘉吉是新西兰人，青年时期从达尼丁（Dunedin）来到意大利，据说她在婚礼上被抛弃，因此决定去英国投靠亲戚然后找份工作。在英国的一家职业介绍所里，她遇到了英国人玛丽·巴宾顿，二人决定一同前往罗马，并用仅有的 100 英镑开了一家茶室。

\* 位于罗马西班牙广场的巴宾顿茶室，始于 1893 年。

1893 年的罗马，人们还只能从药店买到茶叶，因此伊莎贝尔·嘉吉和安妮·玛丽·巴宾顿的茶室迅速获得了成功。第二年，她们又在圣彼得广场开设了一家分店，两年过去后，生意越来越好，她们决定将店址迁往西班牙广场紧邻西班牙阶梯的位置。巴宾顿茶室将英格兰传统和意大利风格很好地融合在了一起，既有来自英格兰的镀银茶壶，也有产自意大利的理查德吉诺里瓷器，菜单主要是传统的英国下午茶食物，例如三明治、热黄油司康、麦芬、茶饼、吐司、李子蛋糕、海绵蛋糕和巧克力蛋糕。巴宾顿茶室熬过了两次世界大战和各种危机。20 世纪 60 年代，影星格力高利·派克和奥黛丽·赫本都曾在这喝过下午茶。

直到今日，巴宾顿茶室仍在罗马欣欣向荣，成为这座酷爱咖啡的城市中的茶叶绿洲，吸引着很多人前往。

# 波兰,要把红茶叫作"波尔赫特"

◆

尽管波兰人以咖啡作为主要的日常饮品,但他们也喜欢喝红茶,红茶在这里被叫作"赫尔巴特"（herbata）,这个词源自拉丁语中的"赫巴·西娅"（herba thea）,意思是草本茶。

波兰的红茶多进口自格鲁吉亚。波兰人喜欢喝浓茶,有时也会在茶水里加柠檬。为了增加茶的甜味,人们有时候会在啜茶后往嘴里喂一勺蜂蜜,有时候也会在茶里加些糖浆或者覆盆子。茶水通常是盛在茶杯中的,为了避免茶杯烫手,会将茶杯放在带手柄的俄式金属支架上。

波兰人在咖啡店里购买糕点、咖啡和茶叶。茶室也是饮茶爱好者聚集的场所。历史悠久的克拉科夫有很多茶馆,其中最受欢迎的是"水壶"茶室（Czajownia）,这家茶室紧靠当地的著名景点。华沙的布里斯托尔酒店里也供应传统英式下午茶,搭配以英式蛋糕、司康和三明治。

\* 布面油画《茶几旁的女人》,玛丽·卡萨特（Mary Cassatt）绘,1883 年 5 月。

\* 画中描绘的是卡萨特母亲的表亲玛丽·迪金森·里德尔（Mary Dickinson Riddle）主持下午茶会的场景。下午茶仪式是中上阶层的女性日常生活的一部分。里德尔太太的手放在茶壶柄上,这个茶壶是一套广东镀金青花瓷茶具的一部分,里德尔太太的女儿将这套茶具作为礼物送给了画家。这幅作品正是画家对这一礼物的回赠。

*Rosa Indica*                    *Grande Indienne*

# 03

　　想到美国，大家更容易把它和咖啡联系在一起。实际上，在 17 世纪 50 年代荷兰商人将茶叶带到他们在这片新大陆上的贸易站——新阿姆斯特丹（纽约的前身）的时候，这里的人们就迅速爱上了这种饮品。荷兰人还带来了他们自己的饮茶习惯，比如会在茶水中加入藏红花（通常装在特制的藏红花罐中）或是桃叶，富裕的女性会在茶会上使用来自中国的茶杯。

# 早期的饮茶

在美国，无论男女都喜欢喝茶，乔治·华盛顿（George Washington）就是其中一员。他位于弗吉尼亚州的弗农山种植园保存了一张 1757 年 12 月的茶叶订单，上面记录了从英国进口 6 磅最好的熙春茶，还有 6 磅其他公司的上好茶叶。库存单显示乔治·华盛顿喝茶的器皿一应俱全，包括茶柜、茶几、茶杯、茶碟、茶匙和一只镀银茶壶。托马斯·杰斐逊（Thomas Jefferson）对茶也非常喜爱。有记录显示，1780 年的时候，他就用高价从里士满商人那里订购正山小种和熙春茶。他的另一个最爱是帝王茶。

纽约沿用了伦敦最有名的茶会花园——沃克斯豪尔和拉内拉赫的名字，建起了巨大的茶会花园，之后又陆续建起更多的茶会花园。到 18 世纪，纽约的茶会花园数量已经达到了 200 家。茶会花园在晚间会举办烟火表演或是演唱会，沃克斯豪尔公园还会有舞会，这些活动大大丰富了纽约市民的晚间生活。无论在一天中的什么时候，人们都能在茶会花园里买到茶、咖啡和热气腾腾的面包卷，连早餐时间也不例外。那段时间纽约的水质很坏，尝起来是咸的，有一种令人不适的口感。18 世纪初，纽约发现了一处被认为十分适合泡茶的天然泉水，就是后来有名的"茶水泵"。后来，人们就在"茶水泵"的周边地区建起了一处度假胜地——茶会泵园。新的泉水不断被发现，甚至滋生出一门新生意——供应商们在城市各个角落贩卖所谓"泡茶泉水"。

但喝茶在整个美国流行起来并不是一蹴而就的。在茶叶上征收的重税导致了赫赫有名的茶党的建立。1773 年发生了波士顿倾茶事件——爱国人士将 342 箱茶叶倒入了波士顿港的海水中以示抗议。茶叶成为压迫的象征，茶叶的销量也一落千丈。爱国者们开始用千屈菜（一种野花）或覆盆子、鼠尾草和洋甘菊的叶子来代替茶叶制成"自由茶"，也有一些人转而开始饮用咖啡。

美国独立战争（1775—1783）结束后，茶叶销量有了一定的恢复，乔治·华盛顿和玛莎·华盛顿两人又恢复了喝茶的习惯，其他人也纷纷效仿。

# 茶舞聚会

与英国早期一样，喝茶是和精英阶层以及绅士品格联系在一起的。美国人也沿袭了英国人午餐后喝茶的习惯。美国的 19 世纪早期与英国的摄政王时期一样，充斥着傍晚或晚间的茶舞聚会。这个时期的茶舞聚会真可谓一丝不苟，高背椅都摆成一个圆圈，客人们必须正襟危坐在椅子上，就好像有人在给他画肖像一样。所有人都得屏声静气，直到门把手被转开，茶和蛋糕被侍者推进来。之后虽然大家可以聊天，但必须轻声细气，大声喧哗是不被允许的。

\* 熙春茶茶罐，罐身是不透明的玻璃，带珐琅装饰。可能产于
英国布里斯托，1760—1770 年。

„BOSTON TEA-PARTY."

Three cargoes of tea dis-
troyed. Dec. 16. 1773.

A number of the inhabitants,
disguised as Indians, boarded
the ships in the night, broke
open all the chests of tea,
and emptied the contents
into the sea.

\* 波士顿倾茶事件，三货船茶叶被销毁。1773 年 12 月 16 日，印刷出版于 1903 年。

* 美国红木可折叠卷边茶几，1765 年。
* 这种茶几主要用来上茶和喝茶，是 18 世纪下半叶的下午茶会上必不可少的物件。它的特点是有三条腿支撑的单个支柱，在不用的时候，可以把桌面折叠后靠墙摆放。

　　茶会的女主人会坐在钢琴边为客人演奏，客人们也会一同歌唱。价格昂贵的精致瓷器和银质茶具都需要从英国进口，珍贵的茶叶被保存在锡制的密封茶罐里。18 世纪末，一全套的茶具包括 1 个茶壶、12 个带柄茶杯、12 个茶碟、1 个奶罐、1 个糖碗以及 1 个用来倒剩茶的茶盆。到了 19 世纪中期，伴随着镀银行业的蓬勃发展，以及内华达州银矿的发现，茶具中又加入了新的种类，包括造型华丽的银质烧水壶、黄油碟、勺托、糖钳、蛋糕篮等，不一而足。

　　下午茶和傍晚茶的传统形成于 19 世纪中期，那时候下午茶一般被叫作"矮茶"，而"高茶"实际上指傍晚茶或晚餐茶。它们基本遵循了英国人的习惯，但也融入了一些美国特色。下午茶之所以也叫作"矮茶"，是因为大家一般会坐在客厅的沙发或椅子上，在矮茶几上喝茶。傍晚茶则由于食物的种类更为丰富，且包括热食，通常在高餐桌上进行。另外，五点钟茶会在英美两国都成为一项惯例。

\* 版画《五点钟茶会》，C. M. 麦克尔尼（C. M. McIlhenny）绘，1888 年。

\* 或许是在夏天的缘故，茶会在户外的花园中举行。仔细看画的远景中有一位女士，似乎是女主人，正在主持茶水服务。

## 玛莎·华盛顿茶会

下午茶茶会成为中上层阶级女性之间的流行活动，举办地点包括私人住所和公共礼堂。通常在下午四点钟开始，持续两个小时左右。女性可以通过举办茶会来为教堂和其他慈善活动（例如重修弗农山庄或是其他古建筑物）筹款。有些茶会活动需要客人们穿上精致的服装，例如"玛莎·华盛顿茶会"。

1874 年 11 月 23 日的《纽约时报》（*New York Times*）上报道了一次玛莎茶会的情况：

> 明晚将在布鲁克林音乐学院举办一场玛莎·华盛顿茶会来为布鲁克林的怀孕女性筹款。活动当之无愧的女赞助人来自纽约最上层的家庭，她曾公开表达要努力使这次茶会收获巨大的成功。从目前来看，她的努力获得了非常可喜的成功。价格 5 美元的门票已经售出了超过 1500 张，整个布鲁克林都在期待这场活动。这次活动希望能够尽可能地复刻当年在华盛顿共和党法院的情景，华盛

顿将军和他的妻子将由两位在布鲁克林声誉斐然的先生和女士扮演。茶会服装是 1778 年的宫廷礼服，希望女士们尽量着此服装出席。13 名穿着玛莎·华盛顿服装的女士将主持本次茶会。上千套绘制有玛莎·华盛顿像的古董镀金瓷器杯碟已经准备就绪。茶桌可以同时坐下三百人，晚餐安排在七点到十二点，现场会有孔特尔诺先生（Conterno）的乐队演奏《家，甜蜜的家》（*Home Sweet Home*）。

以下是当晚的菜单：

茶与咖啡

炸牡蛎 鸡肉沙拉

三明治 茶点饼干

各式蛋糕

\* 复刻木版画，1875 年 12 月刊登于《弗兰克·莱斯利新闻画报》。

\* 画面中是在华盛顿特区国会大厦举办百年庆典茶会的情景。

创刊于 1883 年 12 月 16 日的《女士家庭期刊》（*Ladies Home Journal*）是一份当时非常流行的美国杂志，上面会教大家如何组织一次成功的茶会。1892 年，杂志详细记载了一位年轻的纽约社交名流，为了纪念自己的奶奶，举办了一场盛大的老式茶会：

前来的客人们都穿着传统服饰，头发蓬松卷曲，提着老式手提袋，脸上贴着小巧的黑色饰物，当然，饰物里少不了她们最爱的蕾丝。上茶的地方是餐厅，餐桌上铺着洁白的锦缎桌布，桌子正中放着一个巨大的银质托盘，托盘上整齐摆放着精致的白瓷镀金杯碟；桌子两侧放着带有安妮女王图案的银质茶具，线条优美流畅，杯柄上带有凹槽；瓷碗中装饰着深红色的大丽花，两边铺着蕾丝桌垫，上面立着古老的烛台，白色蜡烛无声地燃烧着。一共有 10 名客人，每位的面前都摆着一只镀金瓷盘，锦缎餐巾折成了完美的方形，上面放着一把有象牙手柄的餐刀和两把叉子，以及一只沉沉的银质点心勺。

桌尾也放着一只巨大的镀金餐盘，里面盛放着以金莲花叶子为装饰的冷盘鸡切片，两边的盘子里也放着类似的食物，其中有精心切成薄片的火腿和牛舌。面包已经切片并抹上了黄油，因此不需要准备额外的黄油碟。餐桌上整齐地摆着小小的白瓷碗，里面装着草莓、醋栗，一罐橙子果酱以及一只装着蜂蜜的精美瓷碟。旁边放着用来装这些点心的小碟子以及点心大小的银勺。蕾丝装饰的银质矮篮子里放着金色的海绵蛋糕、黑色水果蛋糕，往上是同样盖着蕾丝的银质托盘，立着装有卡仕达酱的德累斯顿瓷杯，再往上是磨碎的肉豆蔻。茶水滚烫，香味浓郁。虽然见不到冰水和冰块，但一切都是那么清爽、美好、令人向往。

正式茶会需要遵守严格的社交礼仪，家庭茶会则没那么讲究。茶桌可能随意地摆在客厅、门廊甚至草坪上。这种聚会有时候被叫作"午后茶会"，是一个聊八卦逗乐的好机会。马里恩·哈兰德（Marion Harland）曾在 1886 年这么形容当时午后茶会的流行程度：

有人讽刺茶对于女人来说就像是一种轻度毒品，是万不可能与晚餐或之后的黑咖啡混为一谈的。对于那些只相信古老习俗，而对各种新事物毫不信任的人来说，茶会这项活动之所以在女性中如此流行，是因为"她们必须做一些追求时尚的蠢事"。这类批评家们吼道："茶会已经是其中最无伤大雅的了，最起码，对于钱包和健康的损害比晚宴小得多。"这一次，让我们对这些大嘴巴说"阿门"。毕竟，午后茶除了名字可笑（英文名为 kettledrum，直译为铜鼓）之外并无可以指摘之处，相反，它在美国宴会史上也是一个独特的标志。

**※延伸阅读：巴尔的摩夫人蛋糕**

1889 年，《女士家庭期刊》（*Ladies Home Journal*）的读者来信栏上第一次出现了巴尔的摩夫人蛋糕（Lady Baltimore Cake）的食谱。最开始，它是一种口感松软的白蛋糕，后来逐渐变成三层蛋糕，中间夹有酥皮的奶油糖霜，糖霜中加有切碎的坚果和蜜饯。

关于这种蛋糕，有一个浪漫的故事，来自查尔斯顿的一个美丽女子将这种名为"巴尔的摩夫人"的蛋糕送给了当时有名的浪漫小说家欧文·维斯特（Owen Wister），欧文特别喜爱它，以至于给自己的下一本小说取名为《巴尔的摩夫人》。这本小说的故事也围绕这款蛋糕展开。小说中的叙述者第一次尝到这种蛋糕是在女人交流茶室（The Woman's Exchange）听见一个年轻人说，他想要为自己即将到来的婚礼预订巴尔的摩夫人蛋糕。不论真实的起源如何，维斯特的故事为巴尔的摩夫人蛋糕收获了名气。

女人交流茶室位于查尔斯顿，经营者是弗洛伦斯（Florence）和妮娜·奥托伦吉（Nina Ottolengui），后来因小说让巴尔的摩夫人蛋糕大火后，她们索性将茶室更名为巴尔的摩夫人茶室。这家茶室经营了 25 年，听说每年圣诞节，她们都会向作家送去巴尔的摩夫人蛋糕以示感谢。下面这张食谱来自 1889 年 8 月的《女士家庭期刊》杂志，是一个不加糖霜的版本：

K. J. H. 夫人的巴尔的摩夫人蛋糕

将半杯黄油打成奶油，然后缓慢加入一杯半的糖。奶油变浅后，加入四分之三杯冷水和两杯面粉，搅拌均匀，加入两个已经搅拌好的鸡蛋清。将一杯英国核桃切成小块，裹上面粉，和进蛋糕里，加入两个搅拌好的鸡蛋清，以及一勺烘焙粉。将烤箱温度调到中档，烘烤五十分钟。

烹饪书和家庭指南上随处可见关于如何准备下午茶的建议。作家兼编辑莎拉·约瑟夫·黑尔（Sarah Josepha Hale）建议使用抛光茶炊而不是清漆茶炊，因为前者在煮沸过程中能够减少香味的散发。烹茶的成功秘诀就在于合适的水温和时间。另一位作家和烹饪书作者伊丽莎·莱斯利（Eliza Leslie）建议茶应该浓烈而不该清淡，茶壶应该用热水先烫两次后再加入适量的水：

不知道为什么，仆人中似乎很流行把茶的味道冲淡的做法。如果大家不喜欢淡茶的话，切记往茶叶里倒沸水，否则不管你加了多少茶叶，茶水也会清淡寡味。

莱斯利还说，茶水不应该倒太满，否则就无法往里加糖和牛奶。尽管她本人十分钟爱浓茶，但她也不忘强调"也要记得准备一小壶热水，方便喝淡茶的人稀释自己的茶水"。大家就红茶和绿茶各自的利弊，尤其是围绕二者刺激性是否有所不同，展开了各种讨论。波士顿厨艺学校校长芬妮·法默（Fannie Farmer）建议茶会主人最好同时准备两种茶叶，她本人凭借所写的《波士顿厨艺学校》（*The Boston Cooking-school Cook Book*，1894）一书而名声大噪。

茶壶保温套最早是由英国人发明的，用来为茶水保温。马里恩·哈兰德以她一贯轻松诙谐的口吻探讨了保温套的必要性：

茶壶保温套虽然不是一道佳肴，但对于泡出好茶和喝上好茶非常重要，应该让更多的美国人知道这是什么。这是一个用精纺、丝绸、天鹅绒或者羊绒钩编成的小套子或小口袋，编织的人可以按照自己的喜好缝纫和绣花，或者在收口处加上一根结实的松紧带。倒完茶后，将保温套迅速套在茶壶上，就可以在接下去的一个小时甚至更久的时间内保持茶水的温度。对于那些体会过将温凉的茶水倒入空虚的胃里而产生不适感甚至恶心感的人们，或者是那些有着喝茶时永远姗姗来迟的家人和朋友，只能守着茶水变凉，最后不得不将茶水送回厨房重做一壶的人，茶壶保温套是他们的福音。这个简单不起眼的小发明不仅能保持茶水的温度不过快降低，也能抑制等待的人火气不会过快升高。

* 茶壶保温套。1870 年。
* 帆布制，上面缀有羊毛，绣着丝线，穿着珠子。

* 用深蓝色纸包裹的糖粉（或面包）。萨里郡（Surrey）里士满（Richmond）的汉姆之家（Ham House）展出。

茶里通常要加入糖来增加甜味。在 19 世纪时，白糖因为它的纯度和甜度，最受人们的喜爱。

当时白糖呈圆锥形或者长条面包的形状，包在深蓝色的包装纸里。主妇们一般用糖镊从整块糖上切下小块放在糖碗中，或者将整块糖捣成粉状后，与水果或甜点一起食用。尽管糖的价格非常昂贵，但如果省着用，一块糖能够用上一年时间。对于那些买不起白糖的人来说，他们可以用红糖以及更便宜的枫糖浆和糖蜜来代替。直到 1890 年，砂糖才真正普及开来。

当时有大量关于如何布置茶几以及搭配下午茶食物的建议。烹饪书作者 T. J. 克罗文夫人（Mrs T. J. Crowen）在 1874 年就如何准备夏季和冬季下午茶给出了十分精确的指示：

夏季的下午茶餐桌。首先，在餐桌上铺上纯白色的桌布，托盘盖上纯白色的餐巾，上面摆上糖罐、奶罐、水盂以及杯碟和勺子。桌上各处按照需要摆上小盘子，盘上或盘边放上餐刀；在餐桌远离托盘的一边摆上一道熟透或者炖好的水果，旁边放上舀食物的大勺和一摞小碟子；在水果碟的任意一侧稍远的地方应该放上装有切片面包的盘子，每片面包的最佳厚度在八分之一英寸（约 2.54 厘米）左右；其中一道菜应该是热维格（一种小小的圆面包，口感浓郁，通常带有辣味）、面包干或茶点饼干。餐桌正中应该摆上造型精致的黄油；旁边摆上餐刀；两侧放上小盘子，其中一个装上切成薄片的冷盘肉、火腿或牛舌，另一个装有切片奶酪或者新鲜的软干酪。在餐桌的一角放上一壶冰水，周围摆上小玻璃杯，另一角摆上蛋糕篮或装有蛋糕的盘子。或者，在前面所说摆放水果的位置放上用玻璃盘装的卡仕达酱，水果直接分装在各个小碟子里，碟子中间撒上白砂糖，再将碟子放在餐盘上，这种摆放方式会使餐桌显得十分美观。也可以将卡仕达酱放在小杯子里，代替水果碟的位置。下午茶餐桌上也会有剁碎的熏牛肉、切成薄片的博洛尼亚香肠以及奶酪切片或奶酪末。

冬季下午茶餐桌，除了要准备更多的叉子，以及可能会多一壶咖啡之外，大部分的餐具摆放是一样的。夏天放冷盘肉的地方现在放的是腌牡蛎，放水果的地方是炖水果或者烤鱼、烤火腿或烤牡蛎，加上热的茶点饼干、面包干和热维格、炖水果或果脯，以及花式蛋糕。另一道食物是将椰肉碾碎后摆放在平底玻璃盘里，盘子中间放上果冻、果脯挞或蔓越莓果酱。

克罗文夫人的菜单建议非常接近于傍晚茶。1890 年 1 月，月刊《桌边漫谈》（*Table Talk*）里写道，用傍晚茶来招待三两好友是非常令人愉悦的，她还向读者保证，需要准备的食物十分简单，人人都可以做到，傍晚茶礼仪也十分简单：

> 邀请客人的时候，通常只需要在来访卡片底部写上傍晚茶并加上日期；尽管也会有一些十分郑重的邀约，但大部分都只是随意的纸条。邀约卡片应该提前三四天寄出，但也不乏一些即兴举办的茶会（卡片只提前一天寄出）获得成功的例子。

杂志上还给出了建议的菜单，如 1890 年 1 月刊上的 4 个菜单，有趣的是，其中两个菜单里的饮料是茶：

菜单一：

烤牡蛎、鸡肉沙拉、薄面包片和黄油、威化饼、蛋白杏仁饼、茶

菜单二：

牡蛎馅饼、卷心菜沙拉、鸡肉三明治、橄榄、盐烤杏仁、威化饼、咖啡

菜单三：

炸鸡肉丸、虾肉沙拉、薄面包片和黄油、沙丁鱼、威化饼、俄国茶

菜单四：

三明治卷、扇贝牡蛎、橄榄、炸牛肉丸、椰子球、威化饼、咖啡

当年的 8 月刊上又登载了两个适合夏季下午茶的菜单，其中一个是为网球下午茶准备的：

网球下午茶菜单：

糖腌浆果、土耳其牛舌冷盘、水芹填西红柿、面包卷、甜三明治、柠檬水、冰淇淋

菜单二：

冷冻覆盆子、炸蟹肉丸、奶油汤、面包卷、冰淇淋、蛋糕

还有一些其他的下午茶菜肴，其中有好几道龙虾和螃蟹的菜谱，例如龙虾钮堡（Lobster Newburgh）、芥末龙虾、炸龙虾丸、俄式炸蟹饼和扇贝螃蟹。其他还有鱼子酱吐司、鸡蛋三明治、法式薄面包、火腿卷、鸡肉冻、奶酪吐司、奶酪条和白兰地奶酪脆饼等等。

9 月刊上又给出了时髦的新娘茶会的菜单：

餐桌先铺上一层重重的广东法兰绒布，然后再铺上纯白的锦缎桌布，桌子中间铺上一块方形的绣花，或纯白亚麻布，或者中国丝绸。亚麻布无需再加其他装饰，但在丝绸中间可以围上一束玫瑰或者装有水果的大玻璃瓶。餐桌两边摆放银制或者玻璃烛台，最好是每边一对，插上纯白的蜡烛，搭配纯白的灯罩，烛台下缘也可以围上丝绸；另外两边用漂亮的玻璃或银色小盘装上盐烤杏仁，每个盘子里都装着小巧的胸花，除了玻璃杯和水瓶外，没有任何额外的装饰。因为这是为新娘准备的茶会，所以，最好让一切都是纯白无瑕的，无论是餐具，还是食物和装饰。

> 建议菜单：
>
> 虾肉饼、奶油汤、派克屋面包卷、咖啡、法式奶油鸡、
>
> 法式焖青豆、西红柿沙拉、威化饼、布里干酪、冰淇淋和天使白蛋糕

　　傍晚茶并不是一个单纯用来娱乐的活动，很多家庭把傍晚的那顿正餐叫作"下午茶"或是"傍晚茶"。傍晚茶一般是在下午六点左右开始，是一天中最后一顿正餐。这顿傍晚茶的食物可能会有炒鸡蛋、虾肉饼、沙拉、烤饼、麦芬、吐司、派克屋面包卷、某种蛋糕，还有可能有新鲜水果、炖水果或是水果果冻，当然还有必不可少的茶，也会有热可可和咖啡。

　　《1095 道菜肴：早餐、正餐和下午茶》（*1095 Menus: Breakfast, Dinner, and Tea*，1891）一书给出了各式各样的菜肴建议。其中的冷盘菜就包括烤牛肉、火腿、羊肉、熏牛舌、博洛尼亚香肠、盐腌牛肉、卤牛肉、土豆、牛肉沙拉、蛋黄酱小牛胸腺、黄油小罐鱼。至于热菜，书中提供的菜单有龙虾肉饼、烤鸡蛋、花式烤牡蛎、烟熏三文鱼、贝壳松鸡、水煮香肠和煎蛋卷。甜点有蛋糕、饼干、吐司、面包卷、烙饼、面包干、小甜饼、烤饼和威化饼。再加上水果，就组成了完整的一餐。

　　马里恩·哈兰德在《早餐、午餐和下午茶》（*Breakfast, Luncheon and Tea*，1886）一书中回忆了一次老派的下午茶：

> 　　傍晚的那餐，随便你叫它什么名字，它是三餐中社交氛围最浓的一餐，从它又可以被叫作正餐、晚餐、下午茶就能看出来。如果下午茶从美国人的家里消失的话，我一定是全世界最伤心的人。南方家庭习惯比较晚吃正餐和晚餐。在夏天，吃晚餐时天已经完全黑了，只有点灯才能看得见；冬天的时候，一般会在甜点时间把灯点上。我接触到"真正的老派英式下午茶"时已经差不多长大了。在一个美好（美味）的假期中，我终于第一次知道，并且切身感受了什么才是真正的老派英式下午茶。"加了奶油的红茶；黑面包吃起来清淡、甜美又新鲜；堆成小山的热气腾腾的脆饼被我们吃得见了底；大大的玻璃碗里装着覆盆子和醋栗，那是一个小时前刚从花园里摘回来的；一篮子糖霜蛋糕；一盘粉色的火腿肉搭配上切成薄片的牛肉，再加上鼠尾草干酪！在此之前我从没尝过鼠尾草干酪。在这间敞敞凉爽的茶室之外的地方，我从未尝过这样的美味。阳光照在房子西面的墙壁上，透过葡萄藤落下了斑驳的光点。从对面的窗户漏进来波士顿海湾的美景——海面上闪耀着紫色、粉色和金色的光，中间夹杂着数百只白帆……都是我们在这座老旧的新英格兰式农舍里所经历的。波莉——我那时最忠诚的伙伴将茶壶摆在炉火上，我们就能喝上热茶了。虽然波莉一开始文绉绉的做派把我吓了一跳，但没有人把她当用人看待，只觉得她是世界上最好的帮手。"

＊ 凯特·格林纳威（Kate Greenaway），1881 年。
＊ "波莉放水壶，我们都喝茶" ——一曲流行的英国童谣。

到了 20 世纪早期，杂志和烹饪书上还是会登载教大家如何准备茶会的文章。《家政管理烹饪书》（*Economy Administration Cook Book*）的编者苏西·茹特·罗德（Susie Root Rhodes）和格蕾丝·波特·霍普金斯（Grace Porter Hopkins）认为，每一个井井有条的家庭都应该有一套茶具，女主人应该将烹茶和倒茶的优雅艺术做到完美，这是一个称职的家庭主妇不可缺少的技能。面包片切得越薄越好，然后再切成各种喜欢的形状——条形、钻石形、三角形和圆形，而松脆的饼干则是永恒的宠儿。她们还在书中写到了英国的传统，比如将一簇最喜欢的花——通常是玫瑰或紫罗兰——和黄油一起放在盖紧的罐子里，让黄油染上花朵的香气。饮料并不局限于茶，也可以是热巧克力、可可。茶里加柠檬也很常见，因为柠檬酸可以中和掉茶叶的单宁酸。

所有喜欢在茶里加柠檬的人都会喜欢这个食谱：

在每杯茶中加入一勺橙子果酱，搅拌均匀，非常美味。

在茶里加一片菠萝和一滴柠檬汁也是一个不错的选择，或者在倒茶之前往杯子里加一粒丁香，也会让茶水变得更加可口。

以颜色为主题的茶会开始流行起来，两位编者还描写了一场以棕色和白色为主题的"工作室下午茶会"，茶会上的食物包括香芹棒、红枣三明治、酿椰枣、巧克力魔鬼蛋糕，茶水有柠檬茶和姜汁茶。

一场成功的下午茶会必须有好的组织方式。女主人应当有一个房间迎接客人，在邻近的房间备好茶水、蛋糕和三明治，到了正点，连接两个房间的门打开，女主人或女佣端着放在银托盘或桃心木托盘上的茶具走进来。除了热水壶外，托盘上还会放有茶罐、茶壶、糖碗、糖钳、奶油罐、柠檬切片、茶杯、茶碟和茶勺。装着三明治、小蛋糕和饼干的餐盘也必不可少，盘子要用纱布盖住。有时茶水车也会派上用场，这时，茶具一般会摆在托盘上放在茶水车上层，食物和餐巾则会放在茶水车下层。

茶点展示台——有时也被叫作蛋糕架或麦芬架——通常是一个三层的架子。一般在顶层放面包和司康，中层放三明治，下层放蛋糕，这样女佣就可以推着架子在房间里穿梭，及时为客人送上美食。殷勤的女主人会为每一位来宾倒茶，按照客人的喜好加入糖、奶或是柠檬，然后亲手将茶杯递到客人手中。

五点茶会如此风靡的一个原因也在于它准备起来相对简单，食物并不复杂，客人们可以自取所需。

1921 年的《良好家政》（*Good Housekeeping*）杂志上写道："午餐结束后，女主人收拾好餐桌，因为大多数（下午茶）的食物在上午就已经准备好，女主人可以好好享受属于自己的下午，直到最早的客人到来。"

杂志上还介绍了另外一种更为精致的下午茶形式：

> 除了一些精巧的面包卷、茶和咖啡是热的，下午茶的食物主要由各种冷盘组成，白面包、奶酪、老式的重油蛋糕或是海绵蛋糕、葛根或是海苔粉制成的小份法式奶冻，各式各样的乳脂松糕、漂浮雪岛（floating island）、柚子蜜饯、竞选日蛋糕。主妇们一般都会有一两样"拿手好菜"，只有在她的下午茶聚会上才能尝到。到了冬天，人们可能会更钟爱龙虾或是烤鸡，这时餐桌上精心准备的龙虾或是螃蟹就会大受好评。波士顿烹饪学校的露西·G. 艾伦（Lucy G.Allen）在《餐桌服务》（*Table Service*）中就下午茶也给出了很多建议。比如针对夏天的室外茶会，冰茶、冰巧克力或是潘趣酒比热茶更受欢迎；尽管大家偏爱盛在大碗里供取用的果汁刨冰（或者是口味清淡的冰冻奶油），但有时还应该准备额外的冰块。

1932 年，可口可乐公司出版了艾达·贝利·艾伦（Ida Bailey Allen）的《当你招待时：做什么和如何做》（*When You Entertain: What to Do, and How*）。由于这时的下午茶茶会仍十分注重礼节，书中就如何准备不同类型的下午茶茶会提出了建议，其中包括正式下午茶、休闲下午茶、小型工作室下午茶、茶话会。书中有一章叫作"下午茶的高雅艺术"，介绍了如何举行一场正式的下午茶茶会。这类茶会一般会邀请很多客人，目的可能是介绍自己的女儿进入社交界、向家族的友人介绍新婚的儿媳或是欢迎新邻居和客人的到来。

> 茶会上的饮料包括茶、咖啡和巧克力，一般由"社交新人"的帮手来为客人们倒饮料，其他的"新人"会负责给客人们上三明治和小食，或是蛋糕和糖果点心。

食物应当适当简单，所有食物的形状和大小都应该适合用手指取食。也应该为客人们准备冷饮，可口可乐刚推出的热带潘趣酒是美味之选。

艾达·贝利·艾伦为这类型的正式茶会准备了两个备选菜单：

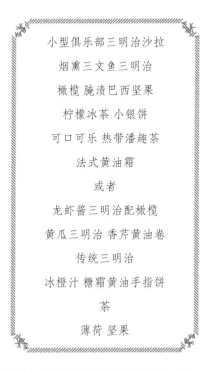

小型俱乐部三明治沙拉

烟熏三文鱼三明治

橄榄 腌渍巴西坚果

柠檬冰茶 小银饼

可口可乐 热带潘趣茶

法式黄油霜

或者

龙虾酱三明治配橄榄

黄瓜三明治 香芹黄油卷

传统三明治

冰橙汁 糖霜黄油手指饼

茶

薄荷 坚果

甚至"感恩节球赛后的足球下午茶"也属于正式下午茶的一种：

餐桌上摆着和学院颜色相称的黄铜烛台，一盆用绿色月桂叶点缀的水果。桌上除了杯碟，还放有茶炊或者一整套茶具。聚会必不可少的气泡饮料是凉爽的可口可乐，玻璃杯和开瓶器摆在桌子另外一端的托盘上。三明治可以做成足球的形状，蛋糕上也会装饰看起来像是足球的小小巧克力球。还可以准备一些棕色的纸杯，纸杯两边插上小三角旗，中间填满巧克力糖果。

菜单：

足球三明治

鸡蛋甜椒三明治

各类茶点蛋糕

可口可乐冷饮

小巧克力

# 外出喝茶：最受喜爱的冰茶

到处都是饮料、饮料、饮料，

多到可以淹没大海，

但在这数不尽的饮料中，

我最中意的便是冰茶……

凉到正好，加冰，

调酒器搅拌，

表层出现乳白色的泡沫，

小小的一片柠檬，

把酸味带给冰茶，

控制好你的贝壳糖勺，

拿稳了，我狂跳的心脏！

——《时代琐闻报》，1987

　　在 19 世纪早期，冰茶食谱开始出现美国的烹饪书上，最初版本类似于潘趣酒。那时的冰茶是用绿茶（今天主要用红茶）配上朗姆酒或者白兰地。1860 年，作家、建筑学家、莱克县（印第安纳州）节制协会创始人兼《如何生活》（*How to Live*）的作者索伦·罗宾逊（Solon Robinson）这样说道："去年夏天我们开始养成了喝冰茶的习惯，我们一致认为这要比热茶好多了。"通常认为《老式弗吉尼亚家政》（*Housekeeping in Old Virginia*，1879）是第一本记录冰茶食谱的烹饪书。

　　制作冰茶的基本步骤是：

　　　　将绿茶煮沸后晾一整天，在高脚杯中放入冰块和两勺砂糖，然后往砂糖和冰块上浇绿茶。

　　食谱中还要求制茶者用柠檬作装饰。冰茶最早是药用的。1869 年的《医学时报和公报》（*Medical Times and Gazette*）杂志上声称："在炎炎夏日里，唯一一种既美味又健康的饮品就是一杯加冰的浓茶，要注意不能加入太多糖，不能加奶，可以在茶刚泡好时加入几片柠檬调味。"

　　到了 19 世纪 70 年代，旅馆和列车上开始供应冰茶。俄国茶开始大受欢迎，马里恩·哈兰德在她的《小屋厨房》（The Cottage Kitchen，1883）中介绍了一个冰俄国茶的食谱：

和通常泡茶方式一样：
先将茶水晾凉，过滤掉茶叶，
此时在每夸脱水中加入 2—3
个去皮柠檬，柠檬需切成薄
片。在玻璃杯中加入糖和冰
块然后注满茶水。

* 冰茶

这种沁凉清甜的茶水在集市、教堂招待会和野餐时都非常受欢迎，已经成为那些不供应红酒和潘趣酒的晚间聚会上的新时尚。

在《早餐，午餐和下午茶》一书中，哈兰德还建议在冰茶中加上一杯香槟，将冰茶变成俄式潘趣酒。

冰茶真正在国际上蜚声扬名是在 1904 年的圣路易斯世界贸易博览会上，当时的英国茶叶商理查德·布利肯登（Richard Blechynden）负责东印度展馆的茶水供应，他发现在这样闷热的天气里向参观者兜售滚烫的茶水相当困难，于是将热茶倒在冰块上，很快就吸引了一大群客人。冰茶的知名度迅速提高，在 1920 年禁酒令颁布之后，人们开始寻找酒的替代品，冰茶迅速席卷了整个美国。

如今，冰茶的销量占全美茶饮销量的 80%，尤其是在美国南部。南方人几乎是一加仑一加仑地喝冰茶，而且一年四季，几乎每餐都少不了冰茶。在电影《钢木兰》（Steel Magnolias，1989）中，多莉·帕顿（Dolly Parton）饰演的角色将冰茶叫作"南方的自制酒"。在南方文化中，冰茶的做法是将茶水倒入高脚杯中，并且在杯中放入长勺和柠檬叉（lemon forks，一种可以很方便地将柠檬片楔起来的专用叉子）。这一习惯在一战后扩散到了整个国家，之后美国各地都习惯了用水晶高脚杯来饮用冰茶。

在美国南部的餐馆点茶水，十有八九上来的是加糖的冰茶；在美国其他地区点茶水，上来的一般是不加糖的冰茶。如果你点的是"热茶"，上来的则很可能是加热后的冰茶。那些爱茶如命的英国人来到美国，想要喝到一杯上好的浓茶颇费工夫，一般只能买到装在纸杯里用茶包泡制的淡茶，有时则是混上热牛奶的冰茶。

# 色彩纷呈的茶室

美国人的茶室狂热与三个社会转变有关：汽车的普及、禁酒令和妇女选举权运动。在很长一段时间里，女性在美国社会中受到压制，她们渴望独立，渴望自由旅行，渴望过上更加有趣的生活。汽车为女性提供了出行工具，她们甚至可以自己开车外出。大部分茶室的经营者都是女性，也主要招待女性客人。由于禁酒令，很多依赖卖酒收入的旅馆和餐厅纷纷倒闭，茶成为酒的替代品。

茶室在美国的发展与在英国不大相同，很多早期的美国茶室是由女性周末在自己家中经营的，主要是为路过的旅人提供便宜简单的家常饭菜。茶室开始在美国各地出现，从纽约格林威治村的波希米亚茶室到芝加哥的上流社会茶室。茶室的卖点主要是朴素、温馨的氛围，与充斥着男人的餐馆相比，茶室对于女性来说更有吸引力。很多人——尤其是年轻人，相比在高级酒店吃上一顿昂贵的五星级餐食，更青睐在轻松的氛围下品尝美味小吃。不同于传统英式下午茶的热茶、精致三明治、司康和果酱，美国人更喜欢咖啡和冰茶，配餐通常是诸如鸡肉派一类的咸味食物。芝加哥的埃利斯小姐茶店的菜单上就有一道鸡肉派，芝加哥记者约翰·德鲁里（John Drury）在《食在芝加哥》（*Dining in Chicago*，1931）一书中写道："这是一道不容错过的美食。"他发现这家茶店里"光顾的都是打扮时髦的女性以及特意来看那些打扮时髦女性的女性。这里的美食也值得称赞，大量的老式家庭菜谱使得菜单显得更为诱人。"东橡树街的南方茶店的菜单上有南方炸鸡、红枣奶油蛋糕和南方热饼干一类的特色菜，他认为"这是一家静谧迷人的茶室……菜的定价都非常合理"。

到了 20 世纪 20 年代，美国人爱上了鲜艳的色彩，所有之前以黑、白、褐色为主的东西都开始变得五彩斑斓，他们喜欢把各种鲜艳的颜色混搭在一起，其中就包括衣服、家具、车、室内装修以及茶室的餐具和制服。食物历史学家贾恩·惠特科尔（Jan Whitaker）在《蓝灯笼酒店的下午茶》（*Tea at the Blue Lantern Inn*，2002）中分享了一首作于 20 世纪 20 年代早期的小诗《茶室》，其中就充斥了各种颜色：

> 碟子理所当然不是配对的，
> 茶杯是黄色；碟子
> 翠绿如碧草；切好的柠檬片
> 在漆红色的盘子上；黄色的奶油
> 盛在黑色的罐中，矮胖的罐子，造型可笑；
> 糖装在橙色的小碗中。

茶室的名字中也经常带有颜色，最常见的是蓝色，比如蓝灯笼和蓝茶壶。劳拉·柴尔德斯（Laura Childs）在她的书中写过发生在查尔斯顿的靛蓝茶店的一系列神秘事件，女主人公西奥多西娅·勃朗宁（Theodosia Browning）的狗名叫格雷伯爵（格雷即 gray 的音译，意为灰色）。

色彩在那些格林威治村的波希米亚风格茶室里起到了十分重要的作用。茶室通常也是礼品店，在茶室里，同时出售色彩斑斓的蜡染服装、手绘串珠项链、围巾、帽子、提包、木雕、陶器和其他艺术品。

一战前，住在格林威治村里的职业女性们一般从事社工、教师或是改革者一类的职业，她们同时也在对抗着维多利亚时代对于女性的各种限制。1910 年左右，由于租金低廉且工作氛围轻松，一些关注妇女权利的艺术家们开始将茶室作为聚会的场所。其中一家名为面包店（Crumperie）的茶室以其温馨的装修吸引了很多当时的艺术家，茶室的经营者是玛丽·阿莱塔·克伦普（Mary Alletta Crump）和她的母亲。面包店茶室于 1917 年首次开张，后来随着房租上涨搬了几次家。在这里，客人们可以点一碗豌豆汤、一份烤饼、一份炒鸡蛋、一个花生三明治，再加上一杯茶或咖啡，然后和朋友们下上一盘棋或是聊一会儿天。

# 百货公司茶店

百货公司内开设的茶店与家庭茶室——格林威治村波希米亚茶室或者充满异域气息的罗姆茶室都大不相同。这里的女性一般都坚持高标准的社交礼仪——戴上帽子和手套。1890 年，第一家百货公司茶店在芝加哥的马歇尔·菲尔德（MarshallField）百货公司开张。茶店经理哈利·戈登·塞尔福里奇（Harry Gordon Selfridge）——也是后来伦敦塞尔福里奇百货公司的创始人——做了一个不同寻常的决定，他向一位中产阶级女性莎拉·哈林（Sarah Haring）提出在百货公司开设茶室的建议，由莎拉·哈林负责招聘熟稔如何烹饪高雅食物的贵妇人来为店里准备食物。尽管茶室居于百货公司一隅，仅有 15 张餐桌，菜单上的食物种类也很有限，但还是迅速成为当地名流富商家的女儿太太们经常光顾的场所。开张的那天，就有 60 个人通过店内的手工绣制菜单下单。店里的橙汁潘趣酒被装在饰有菝葜（smilax，一种开花的灌木植物）的橙色贝壳里，还有玫瑰潘趣酒和以玫瑰点缀的冰淇淋。三明治装在绑着蝴蝶结的篮子里。哈里特·蒂尔登·布雷纳德（Harriet Tilden Brainard）负责给店里供应姜饼和鸡肉沙拉，后来又引入了克利夫兰奶油鸡，这道菜成为顾客的最爱。还有其他女性负责准备鳕鱼饼和波士顿烤豆，另一道咸牛肉土豆泥也是人们的最爱之一。总之，这项投资十分成功，百货公司开始出现更多的茶室。

1907 年，南方茶室开张。这家茶室以它优美的切尔克斯胡桃木镶板装饰闻名，后来也由此更名为胡桃木茶室。直到今天，当年最受欢迎的鸡锅饼仍是菜单上的一大亮点。到了 20 世纪 30 年代，马歇尔·菲尔德百货公司已经有了 7 家茶室，每天提供的餐食超过 3000 顿。在纳西索斯喷泉茶室（Norcissus Fountain Room），客人们可以点上一块三角形的肉桂吐司和各式抹着奶油乳酪的面包圈，混合上胡椒粉、碎坚果、菠萝或是甜椒。一份 1922 年的菜单显示，茶室提供 14 种茶点三明治，11 种腌黄瓜，37 种沙拉和 72 种现成的热菜。时至今日，橙汁潘趣酒还在菜单上，但玫瑰潘趣酒消失了。本来是作为一种战时的替代品的土豆粉麦芬却大受欢迎，直到今天还是如此。

后来约翰·德鲁里（John Drury）就马歇尔·菲尔德的茶室撰文，认为其中名气最大、格调最高的是位于商场七层的纳西索斯喷泉茶室，这里无论是装修、氛围、服务还是食物都可以与当时顶级的密歇根大道酒店和黄金海岸酒店媲美。每天下午三点到五点，逛街略感疲惫的人们就可以走进茶室，一边听着音乐，一边享受特制三明治、沙拉、饮料和甜品，"在店里精心准备的爽口食物刺激下，只需要半个小时，客人们就可以恢复精神，投入到下一轮的购物中去"。对店里著名的土豆粉麦芬，德鲁里也给出了很高的赞誉："你在其他任何地方都不可能吃到这种麦芬，它能带给味觉最高级别的享受。"

不只是在芝加哥，美国其他地区的商场里也开始出现茶室。纽约的梅西百货在 1904 年开设了一家日本茶室；1910 年左右，洛杉矶的大和集市也开始在装饰着蕨类植物、紫藤和灯笼的日本茶园中为客人提供免费的茶和糕点。

每家百货公司茶室都有自己的特色食物，茶室的经理也需要时时留意新的菜谱，或是推出新的组合来吸引顾客。在费城的百货公司茶室，茶室经理把俱乐部三明治中的鸡肉替换为炸牡蛎，然后将这道菜命名为"洛克威俱乐部三明治"。鸡肉派在各地都颇受欢迎，在内布拉斯加州的林肯市茶室，鸡肉派有着让人难忘的双层酥皮。在波士顿的茶室，最受欢迎的是法式鸡皇饭、李鸿章杂碎菜（chop suey，因李鸿章游美国而名声大振的美式中国菜）和枫糖派。一些百货公司茶室会在店内销售高级茶叶。1920 年，拉萨尔和科赫（Lasalle & Koch）百货公司售货单上的明前茶（最昂贵的茶叶品种）每盒售价 20 美分。同一时期，芝加哥的曼德尔兄弟（Mandel Brothers）百货公司也为客人们提供了各种茶叶供其选择，包括乌龙茶、英国早餐茶、日本绿茶、熙春茶、锡兰橙白毫和珠茶。

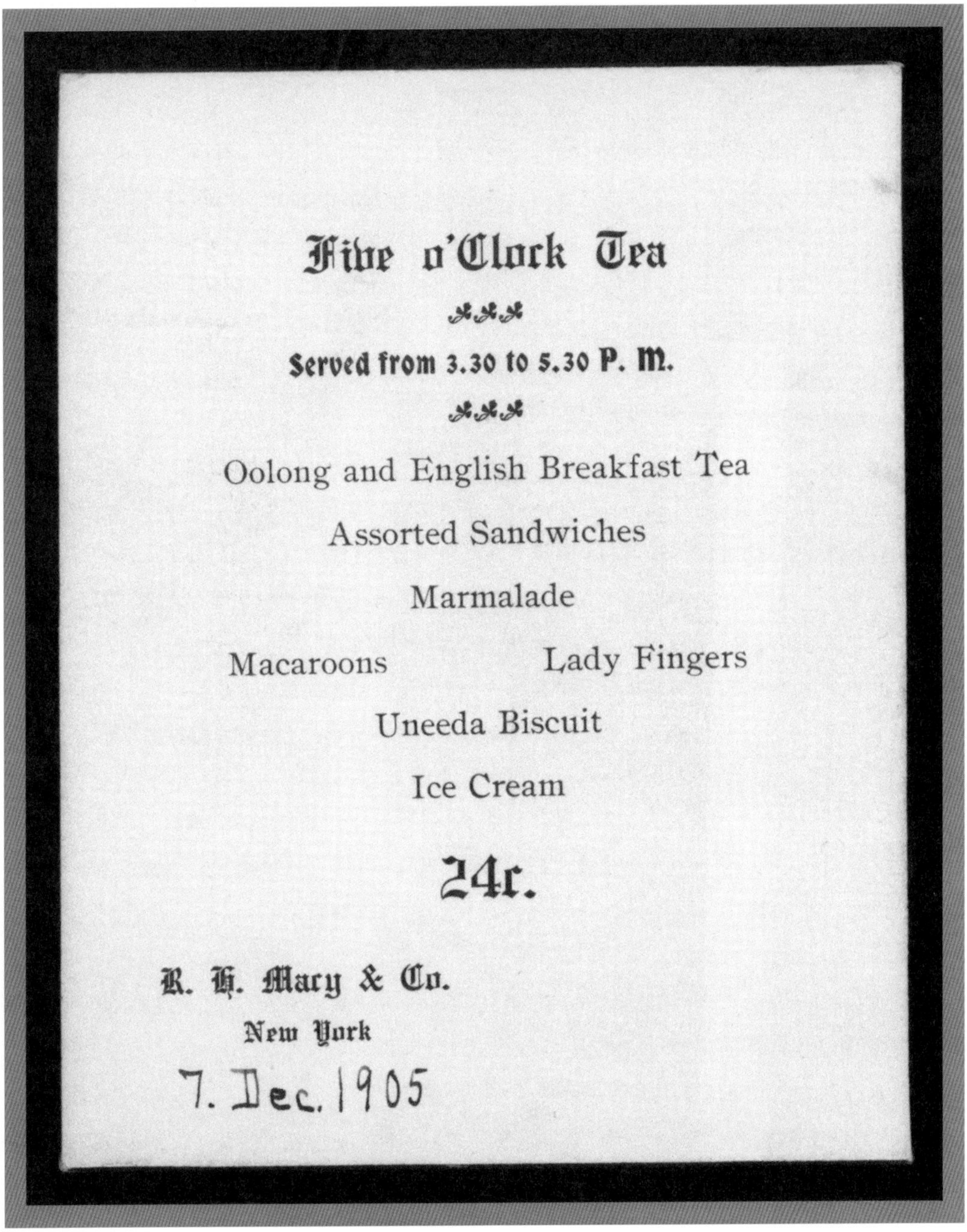

# Five o'Clock Tea

❧❧❧

## Served from 3.30 to 5.30 P. M.

❧❧❧

Oolong and English Breakfast Tea

Assorted Sandwiches

Marmalade

Macaroons             Lady Fingers

Uneeda Biscuit

Ice Cream

## 24c.

R. H. Macy & Co.

New York

7. Dec. 1905

---

\* 1905 年，纽约梅西百货的下午茶菜单，菜单中显示的 Uneeda 是一种薄脆饼干。

# 高级酒店里的茶舞聚会

在 20 世纪早期，美国的大城市开始出现豪华大酒店，其中包括 1906 年开在旧金山的费尔蒙大酒店、1907 年开在纽约的广场饭店、1920 年开在芝加哥的德雷克酒店和 1927 年开在波士顿的丽思卡尔顿酒店等。这些酒店主要为皇室、名流提供服务，这里的茶室讲究的是高雅时髦，室内有大理石花纹石柱和闪耀的水晶吊灯，里面经常飘扬着管弦乐队的演奏声。在这种迷人的环境中，人们可以享受来自欧洲的最新时尚，其中就包括茶舞。

某女士在 1913 年 6 月 1 日的芝加哥《每日论坛报》撰文，称对茶舞的狂热是"一种让人惊喜的下午茶变体"：

> 芝加哥必须"充满活力"，纽约已经先于我们成为令人欢快的大都市，在专栏中，我不止一次写过，茶舞是一项遵循了高雅和庄重的原则，发展十分成熟的活动。在这一代和上一代人的记忆中，没有什么比各个阶层的人们对于跳舞的热情更值得关注的了……这种热情从去年冬天开始，以一种适宜、有序的方式注入到纽约一家酒店的茶舞聚会中。茶舞由一位南方妇女管理，每天下午四点半到七点是舞池的开放时间。茶室两侧都立着柱子，在柱子和窗户之间摆设茶几，舞台的一端是管弦乐队，中间则供大家跳舞……
>
> 女管理员坐在入口处的小桌边，按照每人一美元售票。票价中包含了茶、蛋糕、三明治以及与熟人跳舞的优先权……这里不允许出售酒精饮料，因为酒精可能会破坏这里的格调。

与早年的花园茶会一样，茶舞聚会为年轻男女提供了一种不会损害名声的社交方式。那时经常会举办以结交新人或者慈善筹款为名义的茶舞聚会，但也不是所有人都认为茶舞聚会就是纯洁无瑕的。1913 年 4 月 5 日《纽约时报》刊登的一篇题为《茶舞谤辞》（*Slandering the Tea Dance*）的文章写道：

> 在纽约，茶舞仍是一个新鲜事物，出现的时间不会超过两年。它最早出现在艺术家工作室一类的非正式场合。朋友们赴约下午茶，乐手们在蕨类植物和棕榈树的掩映下演奏乐曲。演奏到华尔兹的时候，一些客人们便忍不住翩翩起舞。后来其他的下午茶聚会也加上了跳舞，再后来，原本供购物者喝茶歇脚的酒店和餐馆也开始增加茶舞。目前所知，在公开的茶舞聚会上还未出现什么让人不齿的事情，即便是那些举办晚间歌舞表演的餐馆，下午茶时的茶舞也是有序的。当然，如果年轻女孩在这种场合随意和陌生人跳舞，她就算不上是好女孩，但

至今为止也确实没有广为人知的丑闻来证明茶舞是撒旦的诱惑……说到威士忌和鸡尾酒，它们和茶舞也毫无关系，在提供烈酒的场合跳的舞也不能被称为茶舞。

包括莉莉安·罗素（Lillian Russell）在内的很多人都认为女性之所以向往茶舞另有原因。在1914年2月13日的芝加哥《每日论坛》报（*Chicago Daily Tribune*）上，罗素这样写道（好在结尾处还是给出了一个正面评论）：

> 这股新的热潮到底对女人们下了什么魔咒？下午茶的诱人之处到底是什么？难道只是对于跳舞的狂热吗？我希望这就是全部的原因，但我有理由担心女人们只是将这作为障眼法来掩饰她们频繁参加茶舞聚会或光顾下午茶舞会餐厅的真正原因……
>
> 当然下午茶舞会也有它的可取之处，有些人对参加茶舞的女性颇有微词，觉得她们一定是喝着烈酒，抽着香烟。当然也有人是如此，但也不乏只是享受好茶、巧克力和清凉的软性饮料的人。
>
> 如果女人们选择出门参加下午茶舞会，难道不比在桥牌桌前赌博要好得多吗？毕竟后者可能代价高昂……而现在，她可以在丈夫上班之后与朋友们在茶舞会上相聚，丈夫下班后也可以与妻子在舞会上碰面，跳上一两支舞，愉快满足地回到家中。

茶舞继续蓬勃发展，尤其是在禁酒令期间出现了各种舞步浪潮，包括火鸡舞（turkey trot）、马克西舞（the maxie）、兔子拥抱舞（the suggestive bunny hug）和查尔斯顿舞（the Charleston）。还有一种叫作摆阵舞（the shimmy），当时齐格菲歌舞团有一个叫伯特·威廉姆斯（Bert Williams）的明星，他不赞成将茶作为酒精的替代品，甚至专门写了一首歌《喝完茶无法跳摆阵舞》（*You Can't Make Your Shimmy Shake on Tea*）来反对。但茶舞上的舞者们可以摆阵，而且做得很好！

20世纪40年代，大萧条和禁酒令让茶室和茶舞都日渐式微。城市郊区化、全国连锁店的出现以及越来越快的生活节奏进一步加速了茶室的衰落。茶室在世纪之初带给人们的那种享受已经过时。百货公司为了赚钱，将原来的茶室改成了节奏更快的快餐店。快餐店里的家具不再追求温馨的风格，正如1949年一位百货公司主管所说的：

> 在餐饮业中，一般认为餐馆的利润和不舒服的椅子之间有着微妙的正向关系。如果顾客是坐在高脚凳上，他就会很快吃完三明治，位子马上就可以让给下一位客人。但如果周围环境愉悦、椅子舒服，他就有可能在餐厅待上一整个下午。

快餐店的菜单也精简得多，不再有下午茶，取而代之的是快速而廉价的午餐。格林威治村的波希米亚茶室也在五六十年代的贝特尼克（Beatnik）运动中被咖啡馆取代。但近年来，茶室渐有复兴之势，有人觉得茶相比咖啡和苏打饮料更为健康。茶室又开始在城市出现，菜单上包括来自世界各地的诱人菜肴。其中一家茶室开在旧金山有名的日式花园里，这座位于金门公园中心的日式花园为游客们提供了享受自然之美的机会，它的设计初衷是为 1894 年的加州仲冬国际博览会建成一个日本村庄展馆，博览会结束后，设计师萩原真（Mr Makoto）将其改成了一个日式风格的花园。

\* 位于旧金山金门公园的中心位置，宁静美好的日式花园。

花园的设计包含了一些经典的日本元素，如日式拱桥、宝塔、石灯笼、石板步道、日本当地植物、锦鲤池塘和禅境花园。每年的三四月，人们会前来赏樱。在这家茶室里，游客们可以买到各种茶，例如煎茶、玄米茶、焙茶、茉莉花茶和冰绿茶。店里还供应茶味三明治、汤、绿茶奶酪蛋糕、铜锣烧、甜米糕和自制雪饼（一种一口大小的日本脆饼，由糯米做成，并加入酱油调味）。雪饼第一次在美国出现就是和这个茶会花园联系在一起的，萩原真的后代称，正是他们在 19 世纪 90 年代第一次将这种特殊的饼干从日本（在日本，雪饼的历史可以追溯到 1878 年）带到了美国。最早时，雪饼是当场制作的，由一种特殊模具做成。随着需求的增长，萩原先生雇佣了勉强堂（Benkyodo）糖果店来为茶室大量生产雪饼。日本雪饼以咸味为主，勉强堂通过加入香草改进了原本配方。甜味雪饼更迎合西方世界的口味，如今已风靡整个美国。旧金山还有一家更为传统的茶室——秘密花园。这里为客人供应沙拉、三明治和司康，还有一系列的糕点和糖果。它还推出了多种口味的套餐供客人选择，包括贝德福德喜悦（the Bedford's Delight）、伯爵最爱（Earl's Fsvourite）、愉悦午后（Afternoon Delight）、花园逃亡（Garden Escape）、王子公主下午茶（为 12 岁以下儿童准备）以及公爵夫妇奶油茶。

颇具传奇色彩的纽约广场饭店会为在棕榈厅享受下午茶的客人们弹奏音乐，纽约人假日下午茶套餐包括三明治和经典甜食（例如酸橙派和纽约式奶酪蛋糕）；香槟下午茶套餐则包括黄道蟹沙拉、布包肥肝、萝卜丝龙虾卷及黄油奶油卷一类的咸味食物。糖果包括一块巧克力榛子糖和一块大溪地香草太妃糖，搭配不同种类的异域茶饮。为孩子们准备的是爱罗伊糖和香料茶套餐，其中有孩子们最喜欢的花生酱、果冻和薄荷棉花糖，饮料包括如意宝一类的热茶和粉色柠檬水，或香草冰茶一类的冷饮。

芝加哥的德雷克酒店很受社会名流的喜爱，戴安娜王妃、伊丽莎白女王和日本天皇都曾来过这家酒店的棕榈厅。在这里，顾客可以一边享受下午茶，一边享受竖琴伴奏的绕梁音乐。

# 茶和妇女选举权运动

在美国的妇女选举权运动中，茶起到了十分重要的作用。波士顿茶党的建立是关于茶叶如何影响历史进程最有名的故事，而另一个由五位关键成员于 1848 年 7 月 9 日在纽约滑铁卢组成的"茶党"对妇女选举权运动也起到了举足轻重的作用。在那次下午茶会上，在场女性对革命性想法的畅谈，成为后来塞内卡福尔斯会议（西方首个妇女权利会议）召开的发端。之后不到半个世纪，当时的传奇女性阿尔瓦·贝尔蒙特（Alva Belmont）在她的豪宅修建了一座中国茶室，并在这里举办了各种茶会来为她的心之所向——妇女选举权运动筹款。其中有两次活动，客人们都收到了印有"为女性投票"（Votes For Women）标语的茶杯和茶碟。从塞内卡福尔斯会议开始，通过万千女性的不懈努力，该运动终于在 1920 年达成了目标，第十九修正案将妇女投票权写进了宪法。

同一时期，格林威治村的茶室也吸引了大量为逃避战争从巴黎来的移民，其中有很多作家、激进派和女权主义者，他们的到来为当地注入了新鲜的反传统文化，也带来了新的茶室风格。很多茶室都参照了当时巴黎拉丁区的格调，成为聚会的最佳去处。

* 讽刺漫画《下午茶》，阿尔伯特·勒沃林（Albert Levering）绘，1910 年。
* 图中一个监狱里的社交名媛——500 号囚犯，她作为妇女选举权的殉道者，正在牢房外与朋友们一起举办茶会。墙上的标语写的是"致我们崇高的义士——500 号囚犯"。

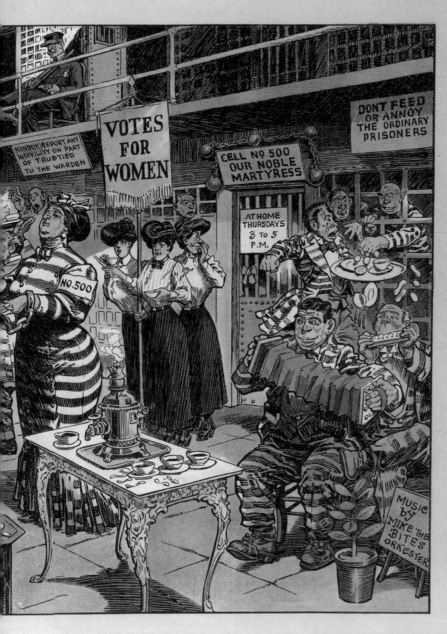

MARTYRS TO THE CAUSE.

罗曼·玛丽（Romany Marie）是格林威治村的著名茶室兼小酒馆，1912 年开张，经营者是少年时代从罗马尼亚来到美国的玛丽·玛尚（Marie Marchand）。玛丽的小酒馆（实际上并不售卖酒精饮料）参照了她母亲之前为吉卜赛人开的小旅馆的样子，她本人也时常穿成吉卜赛人的模样，在店里提供一些茶叶占卜的服务。

当时，吉卜赛风在茶室间风行，罗曼·玛丽并非唯一一家提供占卜娱乐的茶室。19 世纪中叶，第一批吉卜赛人从英国移民到美国，后来的吉卜赛人则来自塞尔维亚、俄罗斯和奥匈帝国。当时，各个城市里都有为人占卜的吉卜赛女人，这受到了一些诟病，政府试图通过禁止占卜收钱来取缔这种行为。但茶室的占卜一般是免费的（占卜师只能接受来自客人的小费），因而绕过了这一限制。茶室并不以食物见长，但仍然席卷了各大城市，例如纽约、波士顿、克利夫兰、堪萨斯城、洛杉矶和芝加哥。芝加哥西门罗街上的吉卜赛茶店是这个城市第一家提供占卜服务的茶室，还有一些茶室通过名字来给自己增加一些神秘的东方气息，其中就有芝加哥的波斯茶室和桑其巴鲁花园。大萧条时期，为了吸引更多客人，茶室在报纸上刊登了免费茶叶占卜的广告。1935 年，罗伯特·克罗斯比（Bob Crosby）在《在这家小小的吉卜赛茶室》（*In a Little Gypsy Tea Room*）这首歌里描写了在茶室占卜的情景：

> 就是在这家小小的吉卜赛茶室，
> 当我感到忧郁的时候，
> 就是在这家小小的吉卜赛茶室，
> 我的目光落在你的身上，
> 当吉卜赛人读出我的茶叶占卜，
> 我觉得一切都是让人如此愉快，
> 她说就在这家茶室里，
> 一个姑娘偷走了我的心。

另一些茶室会举办茶舞聚会，例如芝加哥的哈伦（El Harem）茶室。水烟枪、土耳其吊灯、土耳其餐具都为这家茶室营造了一种苏丹皇宫的异域气息。克拉伦斯·琼斯（Clarence Jones）和他的乐队也曾在这里演出。大萧条时期，很多茶室都陷入了经营危机，但有一个勇敢的女性弗朗西斯·弗吉尼亚·惠特克（Frances Virginia Whitaker）在亚特兰大陷入极端萧条的情况下仍大胆开设了一家以自己名字命名的茶室。这家茶室迅速发展起来，人们可以在这里约会朋友、享受美食。茶室最受欢迎的食物有雪莉酒奶油派、红酒姜饼和加雪莉酒发泡奶油的南瓜派等。直到二战期间，这家茶室仍然能每天提供 2000 多顿餐食。

\* 《在这家小小的吉卜赛茶室》音乐封面，纽约，1935 年。

## 第四章

*Canada, Australia, New Zealand*
*and South Africa*

# 加拿大、澳大利亚、
# 新西兰和南非

下午茶传统渐渐传到了大不列颠当时的殖民地——加拿大、澳大利亚、新西兰和南非。最早来到这些地区的英国人渴望通过各种方式与他们的故土联系在一起，因而将生活习惯和饮食方式都带了过来，其中就包括各种烘焙技术以及下午茶的传统。而来自亚洲的移民也带去了他们的饮食传统。

# 加拿大: 土著人和新移民都爱喝热茶

◆

加拿大是西半球最重要的饮茶国家, 饮茶文化和下午茶习惯都反映了当地居民的多样化, 例如因纽特人习惯喝北方的草药茶, 来自英国、爱尔兰和法国的移民则把下午茶习俗带到了这里。这一点也反映在烘焙上, 在不列颠哥伦比亚省维多利亚市, 茶室主要是英国风格的; 在魁北克的蒙特利尔, 茶室则以法国风格为主。来自中国的新移民同样带来了他们的饮茶和点心文化。加拿大约有 150 万华人, 占加拿大总人口的 4.5%, 主要集中在多伦多、温哥华和蒙特利尔。这些城市里的中国城可以追溯到 19 世纪, 其中绝大多数华人来自香港和广东, 他们主要说粤语, 喜欢喝茶的时候吃点心。在这些城市里都能见到茶餐厅。

尽管许多加拿大人偏爱喝咖啡, 但对于饮茶者来说, 除了早餐茶之外, 一天还要喝上好几次茶。与美国人偏爱冰茶不同, 加拿大人偏爱热茶。在加拿大的茶室和餐厅里, 茶包十分常见。在 2007 年, 加拿大的甜甜圈和咖啡连锁店蒂姆·霍顿 (Tim Horton) 推出了全国性的广告宣传活动来为浸泡茶宣传造势, 全加拿大人都知道了这家连锁店开始使用散装茶叶制茶, 以及用传统方法浸泡茶叶。

## 土著人和早期移民的茶

根据哈德逊湾公司 (Hudson's Bay Co.) 的记录, 第一批茶叶在 1715 年 6 月 7 日运到加拿大。当时在约瑟夫·戴维斯船长 (Captain Joseph Davis) 的指挥下, 三箱武夷茶被运上 "哈德逊湾号" 护卫舰。不走运的是, 由于天气原因, 船无法靠岸, 不得不折返英国。倒霉的戴维斯船长随即被解雇, 而这三箱武夷茶直到第二年才在另一个船长的指挥下成功抵达目的地。

尽管这些武夷茶被形容为 "最差的红茶, 混着尘土和巨大的棕色、棕绿色树叶。泡出来的茶水呈深棕红色, 杯底会留下厚厚的沉淀物", 但仍然受到了原住民的欢迎。因纽特人至今都喜欢不加糖、不加奶的浓茶, 他们视此为一种珍贵的饮品。

直到 20 世纪 50 年代, 拉布拉多的因纽特人还是一个迁徙民族。当这些因纽特人为了捕猎而迁徙的时候, 所有人都必须分担一部分重物。即便是孩子, 大人们也会在他们随身携带的玩偶肚子里塞上两磅散装茶叶。帐篷搭好后, 人们会从玩偶肚子里取出茶叶, 泡上一壶足以驱除严寒的热茶, 然后再在玩偶肚子里填上树叶或者干草。

对于早期移民来说, 所有食物都是值得期待的, 即便是品质最差的茶叶。冬季的暴风雪、海上风暴和内陆运输都会导致茶叶的稀缺。19 世纪中叶之前, 大多数加拿大的定居者都过着艰苦的拓荒生活, 甚至只能用一个旧铁壶来煮茶。因为沸水不断浸入茶叶, 使得最后煮出的茶变得非常浓烈, 味道也难以让人满意。在那些日子里, 由于距离遥远, 旅途艰辛, 无论是朋友还是陌生人的来访都变得非常难得。很多人住在异常偏远的地方, 对各种社交活动都十分渴望, 茶因此成了热情好客的标志。弗朗西斯·霍夫曼（Frances Hoffman）在她的书《传统拾遗》（*Steeped in Tradition*）中描写了这样一个故事：

> 当探险家查尔斯·弗朗西斯·霍尔（Charles Francis Hall）在 19 世纪 60 年代到达诺森伯兰角入口的时候，很意外地受到了女主人一杯热茶的欢迎。"我还没反应过来，图库里透（Tookoolito）已经将茶壶摆上了火炉灯，壶里的水沸腾开来。她问我是否喝茶。你能想象我当时的惊讶吗？这个问题竟然来自一个住在帐篷里的爱斯基摩人！我回答道：'我当然喝茶，但你这里并没有茶叶，对吗？'她将手伸进一个小小的锡盒里，抓出满满一把调味红茶，问我：'你喜欢浓茶吗？'我怕她浪费太多宝贵的茶叶，于是回答道：'淡茶就好，如果你不反对的话。'很快，我面前就出现了一壶热茶，千真万确的茶叶，千真万确是用泡的。我看她只喝了一杯茶，便从口袋里掏出一块从船上带下来当晚餐的饼干，劝她和我一起分享。就这样，在肆虐的风雪中，坐在爱斯基摩人温暖的帐篷里，有爱斯基摩人图库里透的陪伴，我与他们一同品尝这让人愉快、放松的文明世界标志——茶。

随着运到加拿大的茶叶数量慢慢增加，茶叶配额变得更加稳定，同时茶具的进口量也随之上涨，一些早期定居者已经可以买到精美的茶具和瓷器。

新不伦瑞克省（New Brunswick）的圣约翰有着深厚的饮茶文化。加拿大最有名的茶叶品牌红玫瑰（Red Rose）和国王科尔（King Cole）就诞生于此。国王科尔特调茶由 G. E. 巴伯公司（G. E. Barbour Co.）生产，这家公司于 1867 年在圣约翰创立。红玫瑰特调茶是一种锡兰茶和印度茶的混合茶，由西奥多·哈丁·埃斯塔布鲁克斯（Theodore Harding Estabrooks）研制，在 1899 年，它以红玫瑰的名字推出市场。最初，红玫瑰主要销往加拿大的大西洋省份，但很快就风靡加拿大和美国。红玫瑰茶包也在 1929 年第一次出现。

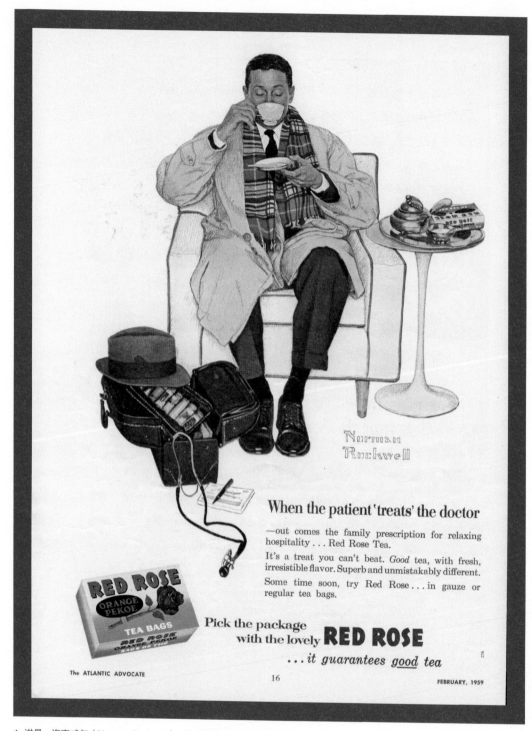

* 诺曼·洛克威尔（Norman Rockwell），杂志上的红玫瑰茶包广告，1959 年。

## 🍃 节制茶会，嫁妆茶会，顶针茶会和花园茶会

在 19 世纪 60 年代，下午茶的传统首先在安大略省建立起来。当时无论是拜访主人还是接待客人都需要遵循一套十分正式的社交礼仪，喝茶是其中必不可少的一环，无论是茶壶还是茶具都有正确的使用规范。比如说，如果没有完成所有应当的社交拜访，邀请任何人来家里喝茶都是不恰当的。一个合格的女主人必须确保完成这套社交礼仪之后，才能举办下午茶会。下午茶会快结束时，所有受邀的人都会留下她们的邀约卡片，这时女主人就欠所有人一次回访。

和在英国一样，如何在这些场合正确着装也是一个难题。对于那些家境富足的妇女来说，她们会格外留意当前的时尚趋势，如果骑马或是搭乘马车前往，她们可以选择马车礼服，但若是走路前往，就需穿着晨礼服、步行礼服或是拜访礼服。对于家境普通的女子来说，她们可能会选择穿着下午茶连衣裙，这种裙子简单大方，十分适合于日间探访。

下午茶会已经成为社会交往中必不可少的一环。不少女主人会准备好精美的食物邀请客人来家里。通常来说，家里的女儿会帮忙倒茶、咖啡和可可，或者端上食物。如果家里没有女儿，倒茶的工作就会由一位"颇有魅力"的妇女承担。茶会上，有人负责迎接客人，有人负责补充三明治、蛋糕和茶水。《家庭烹饪书》（*The Home Cook Book*，1877）给出了一些关于准备茶会的建议。这本书是 19 世纪最成功的加拿大食谱，也是加拿大的第一本社区食谱，平均每六户加拿大人就有一本。它为加拿大英语地区的女性提供了一个准备下午茶茶会的范本。书中关于家庭下午茶是这样建议的：

> 客人们一般会比预定时间早五分钟或晚五分钟抵达。茶水已经准时摆上了餐桌一角，包括红茶、绿茶和俄国茶，这样就可以方便客人各取所需。除此之外，还有一篮华夫饼，制作精巧的鸡肉三明治或薄肉三明治，以及一篮花式蛋糕。如果茶会是按照英国式的规矩，应该把茶水放在茶托上端给客人，同时摆上一张小茶几以便于客人们放下茶杯。

从 19 世纪 60 年代到 20 世纪 60 年代，各种形式的茶话会变得十分流行。在维多利亚时代，最受欢迎的下午茶食物是维多利亚三明治和麦芬。教会委员会为了筹款也会举办下午茶会，所谓节制茶会（temperance）为女性提供了"令人尊敬的"聚会场所。在妇女经常一起缝纫的乡村地区，则会举办顶针茶会（thimble）。家住卡尔加里（Calgary）的诺琳·霍华德（Noreen Howard）告诉我，她至今仍会举办或者参加这种顶针茶会，因为这样可以有机会欣赏其他人的茶具。

与这些鼓励大家沉思或是辛勤劳作的茶会对应，也有那种充斥着八卦、喧闹和欢笑的午后茶会。嫁妆茶会（trousseau）通常由新娘的母亲或刚度完蜜月的夫妇举行，偶尔也有在婚礼前举行的情况。这种茶话会一般追求简单高雅，通常会将黄油面包片、小三明治以及少量蛋糕（有时也会放上一盘切好的蛋糕片）放在一个房间，将结婚礼物放在另一个房间。除此之外，还会有教堂、妇女协会和

学校的家政部门赞助的母女茶会（mother and daughter teas）。

花园茶会在安大略省也变得流行起来，多伦多的总督府为花园茶会提供了盛大的场地，身份显赫的加拿大人和多伦多社会人士应邀前往，在宽敞的露台和修剪整齐的草坪上与来访贵宾会面。很多时候茶会的人数会超过 500 人，这些茶会由托马斯·莱默（Thomas Lymer）负责操办，他同时还担任 11 名安大略政府官员的管家和服务员。

关于如何成功举办茶会，托马斯·莱默给出的一条建议是，食物既不能太黏也不能太脆。"茶会上大家手里都端着茶杯，他们不想因为食物把手弄得黏黏的，因此更喜欢方便的海绵蛋糕和什锦三明治，尤其是鸡肉、西红柿和水芹三明治"。他希望客人们在茶会结束的时候，还像开始时一样优雅。

其中最盛大的一次是 1901 年康沃尔郡的总督府花园茶会，约克公爵及公爵夫人（也就是后来的乔治五世和玛丽皇后）以及几乎整个安大略省的大人物都到场了，再加上天公作美，成就了一场传奇般的茶会。

很多加拿大家庭喜欢在天气好的时候，在自家花园里享受悠闲的下午茶。到了维多利亚时代晚期，一场非正式茶会包括的食物可能有三明治、花式蛋糕、胖胖糖（bonbons）等，当然茶也是必不可少的。对于更正式的茶会来说，饮料可能包括肉汤（冷热皆有）、咖啡、热巧克力、俄国茶和冰潘趣酒。冰块和果汁刨冰也广受欢迎。

### 中国粘牙糖，"爱哭鬼"，"胖阿奇"和"英国猴"

到 20 世纪 20 年代，很多家庭都拥有了雅致的茶水车或茶具台。茶具台一般会有小侧板，可以在使用的时候打开，这时茶具台就变成圆桌；铺上漂亮的桌布，茶具台就可以变成茶几。上层放置茶壶、茶杯、茶碟、糖勺和奶勺，再加上一个用来倒剩茶的茶盆；下层摆放空盘、餐巾和盛有三明治和蛋糕的盘子。在这段时间，茶水车或茶几上经常出现的甜点有中国粘牙糖（Chinese chews）、帝国饼干、牛油曲奇以及山核桃雪球。粘牙糖名字的来历已经不可考了，可以确定的是，在这个时期，华人劳工帮助完成跨加拿大铁路的修建之后，他们的家人也陆续来到这片土地上定居。一开始，他们在小镇上开中国餐馆，有时也会用加拿大调味料烹饪中国食物。比如在粘牙糖中加入英国核桃和红枣，这增加了食物的东方色彩。中国粘牙糖的食谱第一次出现是在 1917 年 6 月发行的《良好家政》杂志上，后来又被报纸广泛转载：

中国粘牙糖（2600 卡路里）

1 杯红枣，切好

1 杯英国核桃，切好

1 杯白糖

1 杯糕点粉

2 勺发酵粉

2 个鸡蛋

1 勺盐

将所有干的材料混合在一起，加入红枣和坚果，鸡蛋轻轻打散后搅拌。按压成尽可能薄的薄片，烤完，切成小方块，然后滚成小球，最后滚上白砂糖。

（L. G. Platt 女士，俄勒冈州北本德市）

烤箱温度和烘烤时间建议是 160 摄氏度（325 华氏度）下烘烤约 25 分钟。

后来的粘牙糖食谱略有变化，有些加入了蜜饯姜，还有一些用山核桃替代核桃。随着粘牙糖的热度减退，后来又有了添加椰子和巧克力脆片的现代版本。

下午茶一直都是女性相互支持、相互帮助的传统活动，但在两次世界大战期间和之后，关于茶会的需求大大减弱了，而且女性开始走出家门工作，不再有足够的时间准备茶会，因此越来越多的加拿大人开始青睐咖啡。即使如此，加拿大人还是没有丢掉喝下午茶的习惯。

住在安大略省南部的埃德娜·麦肯（Edna McCann）在她的《加拿大传统食谱》（*The Canadian Heritage Cookbook*）一书中回忆了 20 世纪 30 年代，她是如何准备一场高雅茶会的：

那时我结婚没多久，乔治和我搬到了一个以农业为主的教区，为了结识附近的教友，我们在教堂的地下室（实际就是教堂会议室）举办了一场小型的招待活动。为了能够给大家留下好印象，我做了好几十个茶点三明治——小小的夹鸡蛋沙拉的三角形或方形面包片，旁边点缀上橄榄；或是夹火腿沙拉的面包卷，旁边摆着腌黄瓜。那时候，在东海岸城市的家庭生活中，这种小三明治被认为是优雅的象征。我本来一直为我做的小三明治感到自豪，直到我听见一个农民小声对他的妻子说："我的老天爷啊，玛莎，我们是不是要开会讨论给新牧师加工资的事了？你看看他可怜的妻子做的三明治小成什么样了。"我这才明白过来，在这些辛苦劳作的社区里，人们更习惯的是大份食物。优雅，没那么重要。

悬疑小说作家盖尔·鲍恩（Gail Bowen）曾经送给我一本关于 20 世纪 40 年代后期在多伦多喝下午茶的回忆录，里面写道：

我们那会儿住在西边的普雷斯科特大街，当时那里是英国飞地。附近有两家面包店提供各种不同的下午茶。我奶奶最钟爱的下午茶食物是巴黎挞和葡萄干蛋糕。放学后，她会带我去圣克莱尔大街（St. Clair Avenue）挑选配茶的点心。奶奶每周都会邀请她所有的朋友来家里喝一次茶。她们喝茶的时候总是戴着帽子，尽管彼此认识已有数十年，在喝茶时仍然互相只称呼对方奥尔勒伦肖夫人、巴塞洛缪夫人、埃克斯顿夫人。

诺琳·霍华德（Noreen Howard）回忆了 1965 年她在蒙特利尔的公婆家中的下午茶时光。每天下午四点钟的下午茶时间，除了茶之外，还会有小饼干或威化饼干佐茶，比如加拿大人最喜爱的纳奈莫条（Nanaimo bar）。加拿大主妇喜欢烘焙，她们很为家里满满的烘烤罐感到骄傲。凯瑟琳·帕尔·特雷尔（Catharine Parr Traill）在《女性新移民指南》（*The Female Emigrant's Guide*，1854）一书中写道："加拿大是蛋糕之乡。"当时的烹饪书里到处可见烘焙食谱。

\* 纳奈莫条，加拿大人最爱的下午茶点心，在很多加拿大家庭的烘烤罐里都能找到。

上文提到的《家庭烹饪书》里除了可以找到各种下午茶建议，也可以找到大量的食谱，涵盖了各种面包、饼干和蛋糕的做法。例如，黑麦茶点面包、茶点蛋糕、姜饼、甜甜圈、麦芬、纸杯蛋糕、黄油饼干、曼特蛋糕、奶油果冻蛋糕和丝绒蛋糕。很多食谱中都提到了"烹饪好帮手"，它指的是当时刚刚出现没多久的发酵粉。另一本 1898 年修订出版的《新高尔特烹饪书：已经尝试和测试过的食谱》（*The New Galt Cook Book: A Book of Tried and Test Recipes*），有面包、面包卷、麦芬、小圆面包、饼干（包括小甜饼、茶点饼干和姜饼）和司康食谱。蛋糕的种类也很多，甚至包括那些不太出名的蛋糕，比如明尼哈哈蛋糕、果冻蛋糕、五月公主巧克力蛋糕、西班牙小蛋糕和越橘果蛋糕。还有各种类型的三明治，其中一些的配料十分少见，例如百果陷、红枣、旱金莲（据说吃起来有一种辛辣味）和德文郡奶油等。

《五玫瑰（加拿大面粉品牌）烹饪书》（*The Five Roses Cookbook*）第一版于 1913 年面世，1915 年的新版本销售了 95 万册，基本上每两户加拿大家庭就有一册。其中记录的食谱主要是烘焙甜点，使用五玫瑰面粉制作面包和蛋糕的食谱最为常见。其中有一道得奖菜谱是黄油挞，不少人认为这是为数不多的加拿大原创菜谱之一。

纽芬兰和拉布拉多省人十分重视烘焙，当地很多移民都自称是英格兰、苏格兰或爱尔兰后裔，有悠久的烘焙传统。茶点小圆面包（或者叫茶点蛋糕）十分受欢迎，这种食物有点类似司康和茶点蛋糕的杂糅，也有很多不一样的变体，几乎每户人家都有自己的家传小圆面包食谱。放学后饥肠辘辘回到家里的小朋友不是吃这种面包，就是吃傍晚茶。如果加入葡萄干（通常在朗姆酒里浸过），这种面包就被称作葡萄干小圆面包。浸葡萄干的朗姆酒来自加勒比海，那时候加拿大商人们沿着加勒比海出售鳕鱼来换朗姆酒。据说，制作葡萄干小圆面包最好使用淡奶，但纽芬兰人通常会用鲜牛奶来代替，有时候会再加上一些福素牌罐装浓奶油。

除了朗姆酒，换回来的还有糖蜜。很多传统的纽芬兰和拉布拉多食谱中都能发现糖蜜的踪迹，无论是面包酱还是布丁酱汁，或者是薄煎饼上的糖浆，糖蜜都可以胜任。糖蜜也会作为增甜剂加入茶点面包、姜饼、小饼干、水果蛋糕、布丁和小圆面包中，比如味道独特、又甜又辣的拉西（lassy）小圆面包。茶点小圆面包还可以加入葡萄干，或者加入少量黄油或果酱来调和。有一种叫作"爱哭鬼"（Cry Babies）的软曲奇和一种叫作"胖阿奇"（Bread Dough，阿奇是一个住在布雷顿角的驼鹿猎人）的巧克力饼干里面也都加入了糖蜜，它们都和下午茶十分搭配。

纽芬兰的另一种特色美食图东（touton，有时会和煎薄饼混用）中也会加入糖蜜。将做面包剩下的面团放入黄油或猪油中炸，出锅后加黄油或者深色糖蜜、枫糖浆或黄金糖浆食用。尽管人们一般在早餐或早午餐中吃图东，但有时图东也会出现在下午茶的餐桌上。

和在英国一样，傍晚茶的时间一般是在傍晚较早的时候，《家庭烹饪书》中列了两个傍晚茶菜单：

傍晚茶一：

茶 咖啡 巧克力饼干

牡蛎三明治 鸡肉沙拉

牛舌冷盘

蛋糕和蜜饯

晚些时候吃点冰淇淋和蛋糕

傍晚茶二：

茶 咖啡 巧克力饼干

扇贝或炸牡蛎

麦芬

火鸡和火腿切片

硬饼干

柠檬片沙丁鱼

薄面包卷

压缩肉干切片

各种蛋糕

　　另有一本名叫《一日三餐：年轻主妇指南》（*Meals of the Day: A Guide to the Young Housekeeper*,
1904）的书，作者萨拉·洛维尔（Sara Lovell）在书中也列出了许多下午茶食谱：咸味的鸡蛋食谱有
煎蛋卷、水煮鸡蛋、煎鸡蛋、炒鸡蛋和酿蛋；主食食谱有鱼肉或猪肉通心粉，以及加西红柿、肉汁
或奶酪的奶酪；土豆食谱有土豆饼、香烤三味（鸡肉、牡蛎或鱼）、沙拉（鱼肉、鸡肉和龙虾肉）；
三明治食谱有火腿、牛舌、生菜，还有一种被命名为皇后三明治。

皇后三明治的做法

16 条沙丁鱼，4 个久煮鸡蛋，黑黄油面包切片，切碎的生菜。

　　将沙丁鱼去骨，切成两半，将黑黄油面包切薄。将鸡蛋切碎后铺在面包上，
然后再铺上一层沙丁鱼，一层生菜。修好面包边后将面包切成圆形或长条形。

　　另一种做法是将面包铺在煎鸡蛋上，或是煎薄面包片，或是用西红柿切片
和肉冻装饰的冷盘肉，腌三文鱼或腌白鲑鱼，以及烟熏鲱鱼（加热摆盘），奶
酪吐司，威尔士干酪等。

还有一道菜的名字非常奇怪，叫作"英国猴"（English Monkey）：

### 英国猴的做法

1 杯陈面包屑，1 杯牛奶，1 茶匙黄油，半杯奶酪切成小块，1 个鸡蛋，半茶匙盐和少许红辣椒粉。

将面包屑在牛奶中浸 15 分钟，将黄油融化，此时加入奶酪和吸饱牛奶的面包屑，轻轻打散鸡蛋，加入调味料。

烹调 3 分钟，倒入烤好的脆片。

甜食食谱包括各种罐装、腌制或煮水果，一般搭配黄油甜酥饼，裹上糖或奶油凝乳的新鲜黑加仑。《美食地标》（Culinary Landmarks）第三版以及《与苏圣玛丽主妇在一起的半小时》（Half-hours with Sault Ste Marie Housewives）中也包含了一些关于下午茶的有趣食谱。妇女辅助协会主席安妮·M.里德（Annie M. Reid）特意在序言中指明本书"并不是随意收集的菜谱集合"，而是"经过了圣路加妇女辅助协会成员和她们的朋友们的精挑细选"。其中的鸡蛋菜谱包括煎蛋卷（纯煎蛋卷、虾肉煎蛋卷和牡蛎煎蛋卷）、咖喱鸡蛋、魔鬼蛋吐司、蛋饼、鸡蛋清和鸡蛋泥。奶酪菜谱有奶酪通心粉、蛋奶酥、奶酪火锅、卡仕达酱、奶酪扇贝、威尔士干酪、奶酪泡芙、酥皮干。炸丸子的主要食材是土豆、火腿或米饭。薄煎饼有甜味和咸味，甜味的包括炸苹果饼、炸米饼、雪饼和炸甜椒饼，上面撒上扬基蜂蜜（做法是将鸡蛋打散之后，加入白砂糖并用香草调味）。书中还包括四个黄油饼干食谱，两个加草莓，一个加桃子，另一个加橙子。面包食谱中有一个叫作旋转（Twist），据说"是一种色香味俱全的配茶面包"。

## 英国王室引领的新风尚

维多利亚女王去世后，爱德华七世继位。浮华的爱德华七世和他美丽的妻子亚历山大王后一起拉开了新时代的序幕，给整个不列颠和联合王国带来了新的时尚。加拿大从一个开拓荒原的国家发展成为一个工商业大国，人口迅速增长，人们的生活也更加富足，有了更多娱乐活动，时常会去时髦的酒店参加五点钟茶会。铁路的扩张也使得人们可以更方便地在不同城市之间来往，由此也产生了很多铁路酒店。安大略省第一家豪华铁路酒店是位于渥太华劳里埃城堡的费尔蒙酒店，该酒店于 1912 年完工，并迅速获得了巨大成功，人们可以在这里享受高雅舒适的下午茶时光。到了 20 世纪 20 至 30 年代，几乎每一个人都喜欢外出喝茶。富人们在豪华酒店举行奢华的茶会，下午四点到六点之间的茶舞最受欢迎，人们一边听着乐队伴奏，一边啜着茶吃着精致的三明治。这些活动通常都不太正式，女人们一般只穿下午茶连衣裙，大衣和手套会脱下来放在一边，尽管如此，帽子却是不能摘下的。茶舞的舞蹈通常十分有趣，它为人们创造了一个结识新朋友，特别是异性朋友的机会。

20 世纪后期和 21 世纪早期之间，百货公司在北美的蓬勃发展导致了一种新型餐厅的诞生。女士们可以在逛街之后，在餐厅优雅环境的包围下享受午餐或者轻松的下午茶。加拿大多地的伊顿百货公司里开设了这种餐厅，其中包括 1905 年温尼伯的烧烤屋和 1924 年多伦多的格鲁吉亚屋。伊顿夫人甚至自己监督了超过 10 家餐厅的建筑、装修、雇员和菜单确定。这些餐厅装修美观、食物品质上乘、价格合适，女性客人蜂拥而至，有些餐馆每天接待的客人甚至超过 5000 个。伊顿餐厅的很多菜直到今天都很受欢迎，比如红丝绒蛋糕——这是一种巧克力夹心蛋糕，用甜菜根或是红色食用染料将蛋糕胚染成暗红色、亮红色或者红棕色，蛋糕夹心和表层都加有奶油，有时会抹上糖霜——几乎成为伊顿餐厅的代名词。由于这种红丝绒蛋糕一直以来都是伊顿的独家点心，再加上知晓内情的员工守口如瓶，不少人误以为蛋糕的发明者就是伊顿夫人本人。

\* 格鲁吉亚屋，伊顿百货，多伦多，1939 年。
\* 伊顿餐厅以它的红丝绒蛋糕和伊丽莎白女王蛋糕闻名。

伊顿餐厅的伊丽莎白女王蛋糕也有很高人气，这种点心蛋糕很适合下午茶时食用。关于这种蛋糕的起源仍有一些争论，有些人认为蛋糕是为 1937 年乔治六世国王和伊丽莎白王后加冕典礼开发的，也有人认为是在 1953 年伊丽莎白二世加冕典礼开发的。二战期间，有人以每本 15 美分的价格出售这种蛋糕食谱的复本来为战争筹款。之所以将其命名为伊丽莎白女王蛋糕，是为了纪念在加拿大备受爱戴的伊丽莎白王太后。显然，这份在二战期间就已经流传的食谱在 1953 年伊丽莎白二世加冕典礼后重新在加拿大现身。不管身世如何，这是一种口感湿润的蛋糕，通过大量添加红枣和坚果使口感变得更加浓郁。蛋糕顶部抹上用黄油、糖、椰肉和奶油混合而成的糖霜，然后放回烤箱中，使糖霜略呈褐色。

在不列颠哥伦比亚省的维多利亚市，从城市诞生的那一天起，茶文化就已经在此扎根。当英国移民到达维多利亚时，下午茶文化就随他们一同到来，直到今天，这座城市还能见到许多茶室。最有名的茶室是位于女皇酒店的维多利亚茶室（以印度皇后维多利亚女王的名字命名），这家茶室从 1908 年开始提供下午茶服务，在经营历史上曾经服务过国王、女王和许多名流，可以说是维多利亚时代的一个缩影。下午茶服务从新鲜的应季浆果开始，然后是手指三明治、司康、烤松饼、花式点心和水果挞，最后是奶油。据报道，每天有 800 到 1000 人来此喝下午茶，这一数字甚至超过了伦敦大多数酒店。

Empress Hotel
VICTORIA, B.C.

**Afternoon Tea**

*85¢*

English Crumpets   or
Toasted Mohawk Cake
Salmon, Celery Spread Sandwich
Pimento Cheese Sandwich
Almond Tartlet
Tea

*$1.00*

English Crumpets   or
Toasted Mohawk Cake
Tomato Stuffed with Crabmeat
Thin Buttered Bread
Almond Tartlet
Tea

＊ 女皇酒店下午茶菜单，1920 年。

这里提供的茶是维多利亚茶室的特调，混合了中国红茶、锡兰茶和大吉岭茶，茶包由默奇茶叶店（Murchie's）制作。这是英属哥伦比亚地区一家以生产茶叶闻名的百年老店，创立于1894年，创始人约翰·默奇（John Murchie）是来自苏格兰的移民，年轻时曾经在苏格兰的梅尔罗斯（英国著名茶叶进口商）工作过，那时他的主要工作就是为住在巴尔莫勒尔城堡的维多利亚王后送茶叶。除了卖茶以外，默奇茶叶店自己也有一家很受欢迎的茶室。

维多利亚市还有阿布哈兹（Abkhazi）花园茶室。关于阿布哈兹花园，还有一个与皇室有关的浪漫故事——20世纪40年代，来自格鲁吉亚的阿布哈兹王子和公主在分离多年后，终于在维多利亚市团聚。他们在这座城市打造了这处美丽的花园，而阿布哈兹花园茶室恰好可以俯瞰花园。市政府经常会在这里举行一些特别的茶会活动，例如一年一度的疯帽子茶会、阿布哈兹王子公主纪念日茶会等。

另一家很受欢迎的茶室叫作白希瑟（White Heather）茶室，这家茶室为了尽可能满足不同胃口的需求，提供三种不同规格的下午茶：野茶（Wee Tea）搭配的是各种司康和糖果，别这么小气茶（Not So Wee Tea）和大马克茶（Big Muckle Tea）则包含了好几种点心——手指三明治、甜挞或咸挞、新鲜水果、小蛋糕、饼干以及必不可少的配上果酱和德文郡奶油的传统司康。

渐渐地，茶室如雨后春笋般在全国各地发展起来，开始展现出明显的西海岸当地生态特点，有当地产出的蜂蜜、海藻茶和亚洲风格的菜单。包括费尔蒙特酒店在内的全国连锁性酒店也都开始提供下午茶服务。在费尔蒙特的温哥华酒店，孩子们不仅能喝到一种特别的泡泡糖茶，吃到搭配花生酱和果冻的手指三明治，还被鼓励穿成童话人物的样子。埃德蒙顿的麦克唐纳费尔蒙酒店（女王2005年下榻的酒店）提供"皇家下午茶"菜单，其中包括一杯雪莉酒或一杯香槟，以及皇室套房之旅。

在太平洋铁路的发展过程中，铁路公司意识到，客人们在长途旅行中需要有歇脚的地方。因此从太平洋沿岸到大西洋沿岸建起了许多酒店。其中就有1890年建于艾伯塔省落基山脉附近的路易斯湖城堡酒店。在这里，人们可以一边欣赏路易斯湖和维多利亚冰川的美景，一边享受下午茶。而孩子们可以享受他们的泰迪熊野餐，他们会被带领着制作自己的泰迪熊，然后和泰迪熊一起享受由冰茶、手指三明治组成的野餐，还能收到一次来自鞠躬熊的特殊拜访。

艾格尼丝湖位于路易斯湖旁边，这个湖以加拿大第一任总理的妻子——艾格尼丝·麦克唐纳夫人（Lady Agnes MacDonald）命名。1886年，她来此访问，爱上了这个田园般的湖泊和悬空山谷的美景。艾格尼丝湖茶室就建在山谷中，依山傍水而设。这家茶室由加拿大太平洋铁路公司修建，动工于1905年，比路易斯湖茶室晚11年。茶室修建的初衷是，在荒山野岭间为旅客和登山者提供一个歇脚点。1981年，搭建时使用的原木被更换，但茶室的原始魅力仍然保留了下来。现在，这里是一家家庭经营茶室，为客人们供应家常汤、新鲜的三明治和各式糕点，以及来自世界各地的一百多种散装茶叶。

＊ 艾格尼丝湖茶室，依傍艾格尼丝湖，建在加拿大落基山脉上。

其他值得一提的下午茶场所包括多伦多的爱德华国王酒店，在它一百多年的历史中，"供应了多伦多最好的下午茶"，接待了数不清的贵宾名流。它的菜单反映了多伦多的文化多样性，茶的种类也多种多样，包括各种异域风情的混合茶，例如茉莉雪龙茶、佛手柑玫瑰茶和马拉喀什薄荷茶。"贝德福德公爵夫人"套餐包括加印度香料的胡萝卜蛋糕、加波旁酒葡萄干和山核桃蜜饯的枫糖馅饼，以及细心烤制的黄油面包和小蛋糕。"三明治伯爵"套餐适合那些喜欢咸味的客人，包括惠灵顿牛肉手指三明治或是香葱五香鸡手指三明治。其他还有"春茶"套餐，"花园茶"套餐，以及为孩子们准备的"小丑茶"套餐（包含果冻卷棒棒糖、香蕉蛋糕和糖霜小丑饼干，替代茶的饮料有加棉花糖的热可可、苹果汁或牛奶）。

爱德华王子岛的港口城市夏洛特敦也有着深厚的茶文化。在过去，茶都是经夏洛特敦进入加拿大全国各地的。

爱德华王子岛是《绿山墙的安妮》(*Anne of Green Gables*, 1908)的作者露西·莫德·蒙哥马利(Lucy Maud Montgomery)的故乡。这部小说讲述了安妮·雪莉(Anne Shirley)的冒险旅程。马修(Matthew)和玛瑞拉·库斯伯特(Marilla Cuthbert)是一对在爱德华王子岛务农的中年兄妹，他们本来想要从孤儿院领养一个能够帮忙干农活的男孩，却阴差阳错领回来了 11 岁的安妮·雪莉。故事讲述了安妮在库斯伯特家的生活经历。

一次玛瑞拉外出时，告诉安妮她可以邀请朋友戴安娜来家里喝茶。安妮惊叹道："茶会一定会十分美好而且让人兴致昂扬。"她请求玛瑞拉让她用上最好的玫瑰花苞图案的茶具：

> "不，玫瑰花苞茶具！你知道我那套茶具只有牧师先生光临或妇女协会聚会时才能拿出来用。我看你就用平时的那套咖啡色的旧茶具吧。不过我可以允许你把樱桃果酱拿出来吃，也到吃它的时候了，你还可以拿点水果蛋糕、小甜饼和饼干出来吃。"

> "我现在都能想象出自己在桌子主位上沏茶的情景。"安妮兴奋地闭上了眼睛，"我要问问黛安娜要不要加砂糖，我知道她从来不加砂糖，但我就假装不知道好了。然后劝她再来上一块水果蛋糕，吃些樱桃果酱。"

当玛瑞拉提到还有大半瓶木莓露时，安妮更兴奋了：

> "木莓露放在起居室壁橱的第二个格子里，你们俩如果想喝的话，可以喝一点，喝的时候配上一张小甜饼。"

> 戴安娜准时来到了，到了喝木莓露的时候，安妮发现木莓露是放在顶层而不是第二层。戴安娜觉得木莓露相当好喝，赞赏道："没想到这个木莓露这么好喝，安妮。"作为一个一百分的女主人，安妮回答道："你喜欢喝，我可真高兴。喜欢喝的话就请多喝几杯吧。"三杯下肚，戴安娜觉得头晕目眩，再也吃不下别的东西了，她摇摇晃晃地回到家里。第二天才发现喝的不是木莓露，而是黑加仑酒，这对参加节制会的教堂女士，包括戴安娜的母亲都是决不允许的。故事的后面写道，安妮后来去参加主日学校老师举办的茶会时表现好多了，甚至自称："我们的茶会非常高雅，我想我很好地遵循了每一条礼仪规定。"她对玛瑞拉说道，"如果我每天都被邀请参加茶会的话，我一定会成为一个模范小孩。"

如今，在夏洛特敦的爱德华王子万豪德尔塔酒店，游客可以享受"绿山墙的安妮"下午茶茶会，菜单包括木莓露，重油蛋糕切片和各种糖果。安妮的模仿者将现场表演，到了下午茶尾声，每位客人不仅可以获得穿着戏服与安妮合照的机会，还可以戴上假发和帽子，打扮成安妮的样子。你也可以在岛上报名参加"安妮的完美超级美味野玫瑰茶会"，项目包括博物馆之旅、制作一顶缀满鲜花的帽子，以及使用蒙哥马利家庭瓷器喝茶。

近些年来，夏洛特敦的茶室也逐渐受到其他文化的影响，其中一家叫作福尔摩沙的茶室专门出售来自中国台湾的茶叶和当地小吃。除此之外，市内还有不少亚洲风格的茶室。

法国对加拿大茶文化的影响主要反映在魁北克和蒙特利尔的法式茶室上，它们更专注于售卖或提供大量不同种类的异域茶和特调茶，而不是制作精致的法式糕点。茶花茶室算是个例外，这家茶室仍然提供少量的异域糕点给客人选择。

有些加拿大茶室与美国南部茶室类似，注重温馨的氛围；也有一些茶室提供多达两百种茶叶供客人选择；还有一些茶室专注于午餐和晚餐时的咸味菜肴和点心而非茶和蛋糕；还有一些茶室分为两层，一层作为礼品店或手工艺品店。

# 澳大利亚：我的那杯茶，始于1883年

尽管澳大利亚现在已经成为一个热爱咖啡的国度，但从英国人踏上这块土地开始，茶一直是澳大利亚的传统热饮。第一舰队于1788年抵达澳大利亚时，随船携带的食品和医疗用品是根据当时的海军储备标准制定的，主要是咸肉、面粉、米饭和干豌豆。茶和糖并不在政府的配给范围内。然而舰队上级别高的人有携带奢侈品和"必需品"的特权，其中就包括茶。

澳大利亚本土有一种沙士植物，叫作甜菝葜（smilax glyciphylla），可以作为茶的替代品，殖民者称之为"甜茶"。这种饮料不仅能够给喝不到茶的人们带来慰藉，还有健体功效。由于自带甜味，因此可以同时起到茶叶和糖的作用，全国各地到处都可以见到喝这种饮料的人们。茶第一次在悉尼出售是1792年，各种绿茶、红茶从中国运到了这里，其中包括熙春绿茶和武夷红茶，尽管这两者都算不上质量上乘，但茶味浓郁，价格划算，满足了移民对茶的渴望。1803年，《悉尼公报》（*Sydney Gazette*）和《新南威尔士州广告商》（*The Sydney Gazette and the New South Wales Advertiser*）初次发行之后，这些茶就定期在报纸上进行广告宣传。

从19世纪下半叶开始，茶叶的种植在印度迅速发展起来。19世纪80年代，澳大利亚开始进口印度红茶。伴随着奶牛养殖业在澳大利亚的壮大，添加鲜牛奶和糖的茶成为这个国家最受欢迎的饮料。到了20世纪，澳大利亚已经成为印度红茶和锡兰茶的主要市场。之后，澳大利亚有了自己的茶叶品牌。布歇尔士（Bushells）的标语是"我的那杯茶，始于1883年"；立顿（Liptons）更是家喻户晓。虽然到了今天，澳大利亚人已被咖啡俘获，绿茶只占到了非常少的市场份额，但加糖加奶的浓茶仍受到很多澳大利亚人的喜爱。

## 内陆的单调食物单

澳大利亚内陆地区的生活虽然极其艰苦，但也发展出了独特的饮茶文化。一个十分具有代表性的图像是，坐在篝火旁的放牧人或是流浪汉旁边的比利锅（一种造型简单的锡制容器，用金属线作为把手）里预备泡茶的水已经烧开，篝火的余温还可以用来给苏打面包加热。用来生火的一般是桉

树枝，篝火上搭一个三脚架，就可以把比利锅挂在上面了。锅里水烧开后，加上茶叶，并按照传统加上一片桉树叶。篝火发出好闻的气味，加入的桉树叶为茶增添了一种独特味道。茶总是泡得很浓，煮好后，为了让茶叶沉到锅底，需要端起比利锅，然后在一臂的距离内来回晃动或是在头顶转动三圈，操作这些动作需要非常小心。结束后，将茶水倒入锡铁杯中，加入炼乳（1890 年之后出现，代替了鲜牛奶）增加甜味。

探险家 G. 欧内斯特（G. Earnest）1870 年来到澳大利亚，他写下了自己的内陆经历，并津津有味地描述了澳大利亚的苏打面包：

> 虽然人人都知道苏打面包，但我认为只有那些刚从篝火堆里把热腾腾的苏打面
> 包拿出来的人才知道它的美味，尤其是当你已经十到十二个小时粒米未进的时候。

苏打面包的制作工艺十分简单，主要原材料是小麦粉和水，可能还需要加上一点盐和小苏打粉用来发酵，然后在明火的余烬中烘烤。苏打面包最早是那些长期待在偏远地区的养畜人发明的，他们的基本食物只有面粉、糖和茶，有时也可能有晒干或是做好的肉，最多再加上一点被称作"自大狂的快乐"的黄金糖浆。

矿物勘测员弗朗西斯·兰塞洛特（Francis Lancelott）在 19 世纪中期造访了澳大利亚，她写了一首小诗，风趣地描述了内陆养畜人日复一日的单调食物单：

> 不要再聊巴黎的美食，
> 或者伦敦的食物有多丰富，
> 如果美食之神眷顾，请离开那些城市，
> 稍微造访这内陆的荒野，
> 周一我们吃上了羊肉、苏打面包和茶水，
> 周二又是羊肉、苏打面包和茶水，
> 没有人会否认这样的菜肴有多适合，
> 周三是羊肉、苏打面包和茶水，
> 周四还是羊肉、苏打面包和茶水，
> 周五我们的羊群越过丘陵和山谷，我们吃着羊肉、苏打面包和茶水，
> 周六的大餐看起来可能有点奇怪，
> 居然是苏打面包配茶水，再加上上好的羊肉，
> 现在，我想您已经感受到了我们饮食的丰富，
> 到了星期日，桌板已经在灌木丛中放好，
> 请放心，为所有人准备的大餐已经就绪，

每一个丛林居民都万分肯定，

羊肉、苏打面包和茶水一个也不会少。

\* 雕刻木版画《茶和苏打面包》，A. M. 埃布斯沃思（A. M. Ebsworth）绘，1883 年。

\* 四个男人聚在灌木丛里的篝火旁边，喝茶吃面包。

　　早期定居者喜欢的另一种食物叫作普法龙（puftaloon），一种介于苏打面包和司康之间的食物。普法龙的制作方法像苏打面包一样简单，因此很受在内陆扎营的人们欢迎。普法龙属于面包大家庭的一种，在殖民初期，当面包师傅制作的"正统"面包成为奢侈品时，正是这些面包代替品帮助探险家、旅人、放牧人和开拓者立住了脚跟。但普法龙与苏打面包的不同之处在于，它获得了家庭主妇的认可。

　　下面是一张 1904 年 10 月 15 日刊登在新南威尔士的《马尼拉快报》（*Manilla Express*）上的普法龙食谱：

普法龙

原料：精制自发面粉1磅（约453克），牛奶1加仑（约4.546升），盐少量。

做法：筛好面粉和盐，加入牛奶做成湿面团，在案板上揉开；轻轻擀开，

铺成半英寸（1.27厘米）厚的面饼；切成小圆形，下热油锅炸至深金黄色，在

油锅轻轻翻面，炸熟后在纸上沥干；趁热加上果酱、糖蜜、蜂蜜或糖食用。

## 主妇们的烹饪手艺

　　内陆基本是男人的世界。为了维持长时间的辛苦劳作，男人们需要肉来维持体力，在篝火旁吃苏打面包、羊肉和茶就让他们觉得满意。但在另一个世界，即配上蛋糕和饼干（对于男人来说，这算不上真正的食物）的家庭下午茶的世界，则由女性主导。19世纪晚期，澳大利亚妇女和世界另一头的英国妇女一样，迅速将下午茶变成了常态。下午茶对于家庭主妇来说，是一个绝好的展示精致瓷器和烹饪技巧的活动，能够制作巴尔莫勒尔果子馅饼（Balmoral tartlets，在20世纪50年代风靡整个澳大利亚）和班伯里蛋糕（Banbury cakes）是一件让人骄傲的事。其他的下午茶食物还有司康、伦敦小圆包、燕麦饼、岩饼（Rock cakes）、奶油泡芙、白兰地饼干、种子蛋糕、香料蛋糕和海绵蛋糕，这些食物全部源自英国。食品历史学家芭芭拉·桑蒂奇（Barbara Santich）认为，与其他蛋糕相比，海绵蛋糕更具有澳大利亚特色，她甚至认为制作海绵蛋糕的艺术在澳大利亚达到了顶峰。这是因为澳大利亚的家庭主妇为了给家里人或客人留下深刻的印象，会制作各种海绵蛋糕的变体。其中一种叫作"吹散海绵蛋糕"，这是因为蛋糕胚轻柔多孔，以至于让人觉得它会被风吹散。另一种叫作"永不失败海绵蛋糕"，需要将鸡蛋和糖打发很长时间，烹饪书里给出的建议是使用鸭蛋或者放置时间比较长的鸡蛋，把面粉筛上三四遍等等。澳大利亚的海绵蛋糕之所以如此特别，主要原因在于它的填料和浇料。果酱（有可能会加上发泡奶油或是白脱奶油）配上薄薄一层糖霜，是最常见的浇料。网眼衬纸可以用来帮忙定型。有时也会用巧克力酱或百香果糖霜来做浇料。桑蒂奇还指出，海绵蛋糕的口味取决于海绵胚的口味，"巧克力味、咖啡味、肉桂味、姜味和柠檬味都颇受欢迎"。海绵有时候会做成长条形然后烘焙，出炉后抹上果酱，然后卷成卷，撒上砂糖，做成瑞士卷的样子。

　　当地教堂宴席或农业展览会还会举办烘焙比赛，冠军通常会颁给制作出口感最美味柔软的海绵蛋糕或是口感最浓郁润滑的水果蛋糕的主妇，因此主妇们会十分注重食谱的保密工作。

　　比海绵蛋糕更有名的下午茶点心是拉明顿（Lamington）和澳新军团饼干（Anzac biscuit），这两种都是出现于世纪之交的澳大利亚本土食物。拉明顿据说是以当时的昆士兰总督（1895—1901在任）拉明顿勋爵命名的（也有些人认为它诞生于昆士兰总督府的厨房，以总督妻子的名字命名），一种流传甚广的说法是拉明顿的发明是为了能够充分利用快过期的海绵蛋糕。但桑蒂奇指出了这种说法的谬误，"1902年的一份最早的拉明顿食谱指明，厨师应该先制作一个纯黄油海绵蛋糕"。

\* 拉明顿蛋糕

　　拉明顿的做法是将海绵蛋糕切开，像三明治一样合在一起，中间加上白脱奶油。蛋糕需切成正方形的小块，沾上巧克力酱后撒上一层椰丝。拉明顿受到了澳大利亚人民的喜爱，成为每个澳大利亚小孩日常生活不可缺少的一部分。尽管今天拉明顿略显过时，但仍会出现在各类筹款活动中，学校、教堂和青年社团仍会举办"拉明顿募捐"活动。他们在社区收集拉明顿订单后，到了募捐活动当天，烘焙坊会做好大量的海绵蛋糕，志愿者们当场切开，裹上巧克力酱，撒上椰丝，堆在托盘里。

　　澳新军团饼干，也叫澳新军团砖饼或澳新军团圆饼，也是筹款活动的常客，尤其常见于帮助军队和退伍军人的筹款活动。最早的澳新军团饼干口感又硬又粗糙，堪称牙齿粉碎机。它是面包的一种替代品，能够长时间存储，原料是面粉、水和盐。因为硬度太高，需要将饼干在茶水或是其他饮料里浸上一会儿好让它变软一些。

　　我们今天熟知的澳新军团饼干是一种甜味饼干，由燕麦、面粉、糖、黄油、黄金糖浆、酵母粉、开水和脱水椰肉做成。澳新军团饼干的起源有点复杂，很长时间里它都同一战期间建立起来的澳大利亚和新西兰陆军军团联系在一起。人们通常认为这种饼干是妻子寄给远赴异国打仗的丈夫的。但食物历史学家珍妮特·克拉克森（Janet Clarkson）认为这种形式的饼干已经出现很久了，很可能是一名住在新西兰达尼丁的苏格兰裔主妇发明的，只是之前被叫作"黄金酥脆饼干"或者"黄金糖浆饼干"。有人在一战期间制作了一批这种饼干，后来才更名为澳新军团饼干。

\* 澳新军团日的澳新军团饼干，上面写着"唯恐我们忘记"。

　　这一说法也许有可取之处，因为绝大多数燕麦饼干只有在宴会、庆典、游行中或者其他与战争相关的筹款活动中才能买到，因此燕麦饼干有时候也被叫作"士兵饼干"。战争临近的时候，包括乡村妇女协会、教堂组织、学校和其他妇女组织在内的社会团体会花费大量时间来制作燕麦饼干。按照芭芭拉·桑蒂奇的说法，第一份公开的燕麦饼干食谱可以追溯到第一次世界大战后。1919 年，一名读者写信给《每周时报》（*Weekly Times*），询问是否有人愿意给她一份澳新军团饼干的食谱，因为这"显然是一种新出现的饼干"。1920 年，一份澳新军团饼干的食谱刊登在了《阿格斯》（*Argus*）杂志上，其中指明要使用约翰牛牌燕麦，其他的原料包括面粉、黄金糖浆、糖、小苏打、少许盐、开水和融化的黄油，椰肉稍后备用。

　　葡萄干和黑加仑干等水果干在烘焙食品中也被经常使用，有时咸味食物中也会添加干果。20 世纪 30 年代出版的一本名为《新版阳光烹饪书》（*The New Sunshine Cookery Book*，首版于 1886 年出版）的宣传手册为澳大利亚主妇提供了很多有助于增加"营养丰富的"干果使用量的食谱。蛋糕类食谱包括肉桂咖啡蛋糕、葡萄干茶点蛋糕、五点钟水果蛋糕和葡萄干果篮蛋糕。另外还有为生日和圣诞节准备的节日水果蛋糕。其中有一个有趣的食谱名叫"填料小猴"，这是一种以干果作为填料的酥皮糕点，一般和葡萄干黄油饼干、糖霜黑加仑手指饼干放在一起。书中也有一些咸味三明治食谱，例如鸡蛋生菜三明治、鸡蛋咖喱三明治、奶酪芹菜三明治，以及制作工艺复杂的彩虹三明治。

\* 《新版阳光烹饪书》封面，1938 年。

* 《新版阳光烹饪书》封底，画有水果蛋糕、葡萄干果篮蛋糕、葡萄干蛋糕、甜肉碎卷、葡萄干西米派、黑加仑米糕。

书中还介绍了宝石司康（gem scones，实际上并不是司康，而是一种通常在圆形模具里烤成的小蛋糕）和葡萄干司康，但是没有澳大利亚最有名的南瓜司康的食谱。南瓜司康出现在 20 世纪初期，并在乔·比耶克·彼得森爵士（Sir Joh Bjelke-Petersen）担任昆士兰州总督职位期间（1968—1987）声名大振，这要归功于彼得森爵士的妻子弗洛夫人（Lady Flo）。弗洛夫人自制的南瓜司康远近闻名，她会在家里用南瓜司康来招待客人。

南瓜司康里会加上冷却的南瓜泥来增加口感，这种司康在昆士兰比在其他地区更受欢迎，这是因为北海岸盛产南瓜。随着南瓜司康在 20 年代逐渐流行，它也成了农业展览会上厨艺比赛的评比项目之一。为了能够尽可能充分利用这种高产却被低估的蔬菜，厨师们纷纷开始制作南瓜司康，一直到 20 世纪 50 年代，南瓜司康仍然是厨艺书上的必备食谱。

以下是一份出现在 1916 年 7 月 28 日《北海岸广告商纪事》（*The Chronicle and North Coast Advertiser*）上的南瓜司康食谱：

### 南瓜司康

这份食谱的获得归功于卡布尔彻农展会上的福赛思先生，同时也要感谢贝尔夫人。这份食谱经过编辑部年轻人的测试后大受好评，这些年轻人虽然不爱吃蔬菜，但仍然觉得南瓜司康十分美味。

原料：半杯糖，2 杯面粉，1 茶匙黄油，1 个打好的鸡蛋，1 杯煮熟的南瓜泥，1 茶匙苏打粉，1 茶匙塔塔粉。

做法：将黄油和糖打成奶油状，加入鸡蛋、南瓜，面粉加入塔塔粉、苏打粉和盐之后筛均匀，最后再加入一点牛奶，入烤箱短时烘烤。

星期六通常是澳大利亚人的烘焙日，但也不乏有人为了节省燃料，会在周日的烤肉晚餐后开始烘焙。哈尔·波特（Hal Porter）在《铸铁阳台上的看守人》（*The Watcher on the Cast-iron Balcony*，1963）一书中回忆了 20 世纪 20 年代的周六烘焙日和周日下午茶：

周六下午是烘焙时间。这项活动有着双重含义：首先是补充下周所需的食物，当时的澳大利亚母亲们普遍认为，要吃得营养，每天应该吃两次肉，午餐要有四个蔬菜，早餐是粥、鸡蛋和吐司，还得时不时来上一杯茶。空空的烘烤罐就像上午十一点还没铺床一样不可思议。因此，母亲们会在这一天做上一个大大的水果蛋糕以及至少 20 个岩饼、班伯里蛋糕、女王蛋糕、红枣糕和坚果姜饼。其次，在这些常规项目完成之后，母亲们可以发挥自己的聪明才智和想象力，创造出那种如百合一般短暂美好的食物，为周日的下午茶餐桌献礼。于是才会出现那种用香味奶油黏合在一起的，诱人糖霜上镶嵌着核桃、银色糖粒、糖衣樱桃、草莓、橙肉和白芷丝的三层海绵蛋糕。才会出现奶油泡芙和奶油饼这种只能立即食用的食物，它的精心制作过程既不是为了下雨天囤积食物，也不是为了在社交场合向他人炫耀。周日的下午茶是一周中最奢华的时刻，甚至给人留下了花钱如流水的感觉，但这种奢华更多的是一种感觉而不是实际情况。周日下午茶就像是父母对对方和对孩子的宣言，生活多不易，需适时享受。我看着丰盛的食物，就像看着我的母亲。

澳大利人从踏上这片土地的那天开始，就和很多英国人一样把傍晚的那顿叫作下午茶。惯常的下午茶食物有面包、猪牛羊肉、牛奶、鸡蛋、水果和蔬菜，饮料是茶和酒。要干活的男人们的早餐包括排骨或牛排，正午的那顿可能会在咖啡馆（也叫作六便士餐厅）解决。到了傍晚六点，男人们会吃上一顿丰富的下午茶——先喝上一碗清汤或肉汤，接下来的菜肴包括猪肉派、鱼圆、砂锅、咖喱、炖菜或烤蔬菜，最后用西米或木薯布丁、黄油面包、甜肉卷或水果派来结束这一顿。时至今日，由于社会习惯和工作方式的转变，这顿饭的开饭时间略微推迟了，人们现在都把这叫作晚餐。因此"下午茶"这个词有时也会造成一些误解，你想要邀请客人来喝下午茶，客人们却迟迟未赴约，他们以为自己是受邀来吃晚餐的。尴尬的客人一看茶几上摆放的食物就会发现自己理解错了。

下午茶本身是一件注重高雅的活动，茶几上摆放最好的瓷器，搭配茶的有精致的三明治和蛋糕。傍晚茶则要家常得多，茶叶无需精致，只要够浓就好，食物不用复杂，量大就好。

20世纪初期，澳大利亚成为世界上最大的红茶消费国，澳大利亚人习惯一天喝好几次加奶的浓红茶，包括早茶和下午茶——它们可能被称呼为工作日的茶歇。下午茶有时候也被称为澳沃茶（Arvo，在澳大利亚俚语里表示"下午"）；另一种说法是工休茶（Smoko），工匠或者建筑工人通常用这个词来指代早上或者下午的茶歇时间，它的含义是一杯茶和一支香烟，有时也会加上一块饼干的时间。二战期间，战时配额限制了澳大利亚的茶叶消费，茶叶爱好者的生活也受到了影响。到了今天，家庭下午茶变得比较少见，形式也更加简单，一杯茶加一块甜顶（Tim Tam）即可。甜顶可以说是在澳大利亚最受欢迎的饼干，它由澳大利亚食品公司（Arnott）于1964年推出，有点类似于英国的企鹅饼干，也有两层巧克力麦乳精饼干，中间有一层淡巧克力奶油夹心，外层裹着薄薄一层带纹路的巧克力酱。一杯茶加一块甜顶的下午茶叫作甜顶大满贯（Tim Tam Slam）。先吃掉甜顶的一端，然后将另一端浸在茶里，将甜顶当作吸管将茶吸进嘴里，随着饼干的内部变软，饼干的巧克力外壳也会融化，你必须在饼干软掉之前把它吞进肚子里。还有人会用甜顶饼干来制作巧克力熔岩蛋糕。

### ❧野餐茶会

澳大利亚人非常热衷于室外活动，他们将野餐发展到了一个新的高度。对于 19 世纪早期的内陆旅人来说，城市里缺少各种设施使得野餐变成必然的选择。不过对于绝大多数人来说，野餐还是一项游乐——远离工作，呼吸外面的新鲜空气，看看不一样的景色。对于上流阶层来说，野餐通常是一种奢华的社交活动——桌布铺开，摆上各种各样的食物，不只有三明治，还有冷盘肉、馅饼、水果以及各种饮料。野餐分成各种类型：午餐野餐、假日野餐、海滩野餐，以及茶会野餐。

在那些游客比较多的野餐茶室，可以看到广告牌上写着"三明治、糕点、水果和茶都是野餐必备"。19 世纪时的三明治以肉酱、沙丁鱼、鸡蛋沙拉三明治为主，到了 20 世纪，三明治的种类变得更丰富，新增了鲑鱼、美乃滋芹菜、苹果黄瓜、奶油奶酪橄榄、青椒鸡蛋等馅料。

邦尼通夫人（Lady Bonython）回忆了世纪之交时她的童年野餐的情形：

> 野餐时有大量的法式黄油面包，我们把煮熟的鸡蛋直接敲开剥壳吃了，用手拿着鸡腿或鸡翅，再吃几块美味的冷盘肉。饮料有柠檬汁，如果喜欢的话，喝茶也可以。

她还回忆了她的母亲"将中国茶壶巧妙地包装在特制的中式篮子中"，这种篮子有"专门用来放置壶嘴和壶把的空间"，因此能够"保持茶水是热的"。

茶毫无疑问是野餐时最受欢迎的饮料之一，其他还有酒精饮料和软饮料。人们还会用传统的比利锅来泡茶：

> 女孩子们将洁白的桌布在草地上铺开，然后用蕨类植物的叶子和绿色的棕榈叶来代替盘子，将玫瑰色的苹果、金黄的橙子和新鲜的香蕉、小巧的家庭自制蛋糕和三明治放在叶子上。海伦把她带来的精致餐巾纸分发给大家，然后摆上茶杯。
>
> "男孩子们，把火升起来，往锅里加水。艾莉森，把牛奶拿过来，船里放了两瓶。"

到了 20 世纪 30 年代末期，野餐食物变得更加复杂，甚至包括了羊肉派、康沃尔肉馅饼、牛舌冻、香肠卷、苏格兰煎蛋、鸡蛋培根派和小小的三文鱼丸（食用的时候得用牙签）。

### 梅光达的中国茶馆

1895 年 4 月的《澳大利亚星报》（*Australian Star*）上刊登了一篇报道："没有哪个休闲场所比这里更受需要吃午餐的商务人士和需要喝下午茶的女士们的欢迎了，每天中午、傍晚，这里都挤满了实业家、商人、经纪人，甚至是国会议员。"报道中提到的这个地方就是英皇街 137 号的龙山茶馆，它是梅光达（Quong Tart）拥有的连锁茶馆中最大、最豪华的一处。梅光达是一个白手起家的中国移民。

这些茶室在维多利亚时代的悉尼风头无两，茶室内部装修豪华，墙上挂着日本艺术画、中国木雕和铜镜，室内还有养着锦鲤的大理石池塘。悉尼的社会各界人士纷纷在龙山茶馆停留，品尝来自中国的好茶。女士们可以在一楼的女士阅览室里一边读书看报，一边品尝美味的糕点、司康和甜派。男士们可以享用一些分量更大的荤菜，比如波特酒汁炖兔肉和羊胛肉。

梅光达的遗孀——来自利物浦的玛格丽特·斯嘉丽（Margaret Scarlett）记录下了他的一生。两人于 1886 年结婚，养育了六个小孩。1859 年，九岁的梅光达从中国广东来到澳大利亚，他由新南威尔士州布莱德伍德的苏格兰移民辛普森一家抚养长大，后来信仰基督教。在辛普森先生的影响下，梅光达对商业产生了浓厚兴趣，并且赚到了第一桶金，之后成为一名进口商，专门从中国进口茶叶和丝绸到悉尼。1881 年，他回到中国拜访了他的亲生父母，然后回到悉尼成为一个茶叶商人。他在悉尼拱廊附近出售茶叶，一开始是向客人提供样品试喝进行促销，他的茶叶受到了热烈欢迎，以至于他不得不租下更大的店面，开始提供付费的茶水和司康。到 1885 年，他已经在悉尼开设了四家茶室，其中一家开在英皇街的皇家拱廊，另一家名叫韩盼（Han Pan）的茶室设在悉尼动物园的竹亭里。一年之后，他又在乔治街 777 号开设了一家茶室。1889 年，梅光达在英皇街开设了龙山茶馆，龙山茶馆迅速成名，甚至吸引很多政要频繁光顾。1898 年，梅光达又在维多利亚女王大厦开设了一家高档茶室兼餐厅——精英堂（Elite Hall），这里最多可以容纳 500 人同时就餐。梅光达茶室里的大部分茶叶都是从中国进口，用的茶杯和茶壶也是装饰精美的中国瓷器。茶室提供各种菜肴，其中大部分是英国传统食物，例如猪肉香肠、咸牛肉胡萝卜、羊排、李子布丁和苹果派，其他还有咖喱牡蛎和咖喱龙虾等。但茶室最出名的还是司康，司康做好后，加上大量的黄油，端上来的时候还是热热的。

梅光达在女权运动中也发挥了很大作用，在此之前，悉尼并没有能够供女性聚集的体面场所（甚至没有女用公共厕所）。梅光达的茶室为女性提供了一个适合聚会的场所（以及化妆间），这为女性们提供了极大便利。梅班克·安德森（Maybanke Anderson）和她的同伴们经常在国王街的龙山茶馆见面。诗人亨利·劳森（Henry Lawson）的母亲路易莎·劳森（Louisa Lawson）就是一边在龙山茶馆啜着茶，一边组织了澳大利亚女性选举权运动大游行。茶室如此受欢迎，不仅仅因为上乘的茶叶、美味的食物和精致的家具，也与梅光达本人有很大的关系。他像欧洲绅士一样着装，对政客和工人一视同仁，并且每年都要举办很多慈善活动。他也是一个宽厚的雇主，对于自食其力者有着莫大的同情，从来都对悉尼的报童充满善意。

迈克尔·西蒙斯（Michael Symons）讲述了 1893 年 12 月的一个星期六下午，梅光达邀请 250

个报童到茶室喝茶的情形：

> 那些年轻人先在克罗伊登学校少年乐队的带领下，举着标有报纸名称的横幅，沿着城市街道游行。后来，他们在五张长桌前坐下，风卷残云般吃完了桌上的食物，侍者们不停端上新的食物，直到这些年轻人说他们再也吃不下了为止。接着，城市的领导者们发表了讲话，男孩们一边喝茶，一边听着有益的建议。

\* 油画《梅光达半身像》，
1880 年。

让人悲伤的是，梅光达的故事有一个悲剧的结尾。1902 年，他在自己位于维多利亚女王大厦的办公室内被前来抢劫的歹徒用铁棍残忍殴打，于次年死于肋膜炎。

澳大利亚其他城市也有一些茶室，在 19 世纪晚期到 20 世纪早期，澳大利亚的家庭主妇协会和乡村妇女协会纷纷建立起来。对于在墨尔本的女性来说，位于巴克利和努恩百货大厦的巴克利（Buckley）茶室为她们提供了购物休息以及和朋友聚会的最佳去处，甚至成为 20 年代最时尚的聚会场所。1919 年《墨尔本阿格斯》（*Argus Melbourne*）报纸上刊登了茶室的广告：

巴克利茶室致力于吸引品位高雅的客人。我们承办午餐（冷热皆有）、早茶、下午茶，品质上乘，价格合理。可以通过电话或信件预订座位，无需额外付费。

茶室——二层

巴克利

巴克利和努恩有限公司

伯克街 墨尔本

当时墨尔本另一家很受欢迎的茶室是位于街区拱廊的霍普顿（Hopetoun）茶室。这家茶室于 1892 年开张，地址是街区拱廊 6 号，1893 年迁到了 12 号和 13 号。这里完全是女性的地盘，它的下午茶和午餐十分受女性欢迎。维多利亚女性工会从 1907 年开始经营这家茶室，那时候茶室迁到了它今天所在的位置——拱廊 1 号和 2 号，茶室的名字也改成了当时工会创始人——维多利亚州第一任州长霍普顿勋爵的妻子——霍普顿女士的名字。这家茶室持续蓬勃发展，却依然保持了旧大陆独特的古朴魅力。茶室至今仍会供应傍晚茶，食物放在下午茶式的三层蛋糕架上，咸味食物放在顶层，各色小蛋糕放在第二层，新鲜的应季水果或热带水果放在第三层。店里供应的茶是各色有机茶，其中有一种叫作佛手的乌龙红茶和一种加香料的印度茶（Cha Cha）比较有名。

\* 墨尔本霍普顿茶室，橱窗里展示了各式各样精美的蛋糕和点心。

# 新西兰：茶歇时，来喝一杯"胶鞋茶"

◆

新西兰人和澳大利亚人一样，十分热爱喝茶。他们在一日三餐之后都要喝茶，早上和下午会有茶歇（和澳大利亚一样，茶歇被叫作"Smoko"）。直到今日，对于体力劳动者来说，茶依然是茶歇时必不可少的饮料，茶加上饼干和司康，对于他们维持充沛的体力非常关键。新西兰人的喝茶传统，包括下午茶时吃的蛋糕和饼干，都和澳大利亚有很多相似之处。

新西兰最主要的茶叶供应国是斯里兰卡，以斯里兰卡红茶为主。红茶通常被新西兰人叫作"胶鞋茶"，有点像是英国人说的"建筑工人茶"，这个说法的出现也是最近的事（第一次被引用是在1997年），这可能与很多有异域情调的混合茶的流行有一定关系。

## ⬙ 早期的茶会花园

那些在19世纪到达新西兰的各国移民，以英国人和苏格兰人为甚，拼尽全力想要保留住故土的风俗和食物。茶叶就是这样跟随着他们来到了新西兰，成为这个国家的饮品。茶叶甚至与朗姆酒一样，曾经作为捕鲸团队的货币使用。在茶叶短缺的时候，人们有时候会用曼努卡树（Manuka）的树叶来代替。英国探险家詹姆斯·库克船长（Captain James Cook）和他的船员是最早喝曼努卡茶的欧洲人。

19世纪初，随着茶叶变得更加便宜以及新西兰人口的不断增加，各个阶层的人都开始喝茶。到了19世纪中后期，茶会花园（在新西兰也叫作游乐花园）变得十分流行，新西兰人按照英国花园的制式修建了自己的茶会花园。新西兰达尼丁的沃克斯豪尔花园比伦敦的沃克斯豪尔花园晚了130年，花园里的娱乐项目大致相同，包括烟火、各类锦标赛等等。我们可能认为在茶会花园啜茶已经足够优雅了，然而达尼丁的沃克斯豪尔花园比这更胜一筹，达尼丁市民都认为，花园带给他们的比喝茶本身要多得多。

达尼丁的沃克斯豪尔花园只是新西兰众多茶会花园中的一个代表而已，热爱户外活动的新西兰人热情拥抱了茶会花园文化。花园里的娱乐方式也多种多样，例如惠灵顿威尔金森茶园的景观林和玫瑰园都让人目不暇接，人们可以一边喝着茶、吃着各式蛋糕和应季水果，一边欣赏茶园景色。赫特山谷的贝尔维尤花园里有农场和景观花园，也为客人供应热烘烘的司康、自制黄油和果酱、水果蛋糕和种子蛋糕。新布莱顿的布莱花园除了为客人们提供自行泡茶需要的热水外，还有各种鸟舍、蕨类植物、步道、奇花异草和一个美丽的葡萄园供游客赏玩。体育活动也多种多样，包括板球、网球、射箭、射击和钓鱼等。

\* 摄影作品《草地上的下午茶》，摄影师莱斯利·阿德金（Leslie Adkin），1912 年。

　　然而，到了 20 世纪 20 年代，人们对于茶会花园的热情几乎全部消失了，这可能与妇女解放运动的兴起以及大众娱乐方式的转变（例如电影院的出现）有关。

### ⁓家庭下午茶和室外花园茶会

　　19 世纪晚期及 20 世纪早期的下午茶会是非常正式的场合，保留了维多利亚时代的社交规定，甚至有专门的礼仪书教大家如何行事。茶会的正式程度取决于聚会人数的多少。《妇女礼仪》(*Etiquette for Women*，1920) 一书中写道："如果客人少于 10 人，应当在客厅上茶，可以在房间一角摆上茶几，将茶具放在茶几上，女佣站在茶几边负责倒茶，并在客人们抵达后，将茶杯、牛奶和砂糖放在茶托上递给客人，客人们可以自行加入糖奶，稍晚时候端上蛋糕、黄油面包；也可以由女主人自己站在茶几后面倒茶，蛋糕用银质盘子盛好，摆在茶几或蛋糕架上供客人们自行选用。"

　　食物历史学家海伦·利奇(Helen Leach)保留了一封诺琳·汤姆森(Noeline Thomson)写给她的信，里面提到了下午茶用的正式拜访卡片。这封信写于 1998 年（那年海伦已经 90 多岁了），诺琳告诉海伦在 20 世纪 30 年代，客人到达的时候会呈上拜访卡片：

　　　　说到新西兰的下午茶……我最初的记忆是那些雅致的拜访卡片，首字母要用花体，卡片要用铜版印刷，有时候还会装在特制的卡片盒子里。我的母亲在衣帽架上放了一个大碗，专门用来存放卡片。如果到访者是已婚，那她还会留下两张来自丈夫的卡片（一张表达她对茶会女主人丈夫的敬意，另一张给到女主人）和一张到访者自己给女主人的卡片。如果茶会的举办人未婚的话，到访者会准备两张卡片，一张是她自己的，一张是她丈夫的。我不是很确定如果是未婚女性拜访未婚女性的话应该是怎样，但是我觉得书架上某本礼仪书一定也会讲到这种情形。

诺琳接着介绍了下午茶会上需要的其他物品：

> 母亲拥有一套优雅的银质蛋糕叉（把手上刻着我们姓氏的首字母 T）、奶壶、糖碗、银质糖钳、绣花（蕾丝镶边）桌布和其他的小物件；三层银质蛋糕架（顶层放三明治，中层放小蛋糕，下层放奶油海绵蛋糕一类的大蛋糕）；一套银质热水壶加壶架（有小小的酒精灯来为热水保温）和一个银质热水罐。我还记得当时一个来自奥马鲁的朋友有一个十分漂亮的银质茶炊，茶炊的底部正前方有一个水龙头，茶炊放在茶具台上，大家拿着茶杯茶碟轮流在水龙头下方接水的时候十分有仪式感！另一个朋友（我想她是日本人）有一个可以上锁的放置各种茶叶的匣子，我觉得一定是一件古物。我感觉三层蛋糕架之所以被叫作"展示台"是有原因的……

除了下午茶会外，新西兰人还十分享受室外花园茶会。当时的新西兰总督作为英国皇室的代表，会邀请客人前往惠灵顿的礼宾府参加茶会。

最有名的一次是在 1954 年，当年伊丽莎白二世和丈夫菲利普亲王对新西兰进行了国事访问，这是新西兰独立之后英国皇室的第一次到访。这次下午茶会邀请了四千多人，据报道，伊丽莎白女王和菲利普亲王"在花团锦簇的皇室行宫饮茶"，佐茶的食物有"加冰块的草莓和树莓，各种冷饮、茶和咖啡"。为了保证食物的充足，市政府准备了 20000 打鸡蛋和 25000 千磅黄油。为了这次活动，塔拉纳基街上开设了一家巨大的咖啡馆，营业时间一直从早上九点到晚上十一点。总计超过 10000 名客人在咖啡馆用餐，消耗了 20000 个三明治、30000 个蛋糕、10000 个派和超过 10000 杯茶。其他城市也举办了一些规模略小的茶会庆祝活动，包括奥克兰、克赖斯特彻奇和达尼丁。

## 烘焙技能和烘焙书

待客和烹饪文化深深植根于新西兰的殖民时期。家庭主妇十分看重自己做的蛋糕和饼干，而下午茶是她们展示厨艺的最好机会。最早的食谱可以在默多克夫人（Mrs Murdoch）的《精致美食，或如何取悦领主和主人》（*Dainties, or, How to Please Our Lords and Masters*，1888）中找到，书中提供了 21 种蛋糕、2 种饼干、3 种小圆面包以及 2 种姜饼的食谱。1921 年第 9 版的《圣安德鲁烹饪书》（*St Andrew's Cookery Book*）中包括了 56 种大蛋糕、26 种小蛋糕、24 种司康和面包、13 种不含鸡蛋的蛋糕和 22 种饼干的食谱。家庭主妇们乐于见到自己家的烘烤罐"永远塞得满满"：

> 虽然我的丈夫非常高兴我把烘烤罐装满，但我一直在避免这种情况的发生。自从我们搬到这里之后，我长胖了好几磅……他会给自己泡上一杯茶，就像他通常做的那样，而且他还会给自己拿上一个小圆面包之后，再看看烘烤罐里还有些什么。

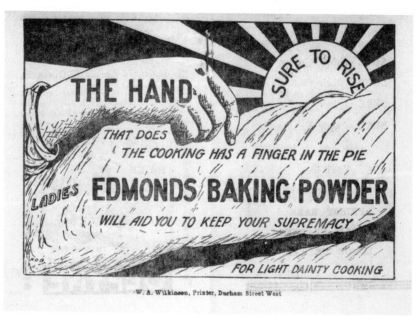

* 出现在剧院屏幕上的埃德蒙兹发酵粉广告，1907 年。
* 广告中展示了埃德蒙兹的经典广告语——"注定升起"，背景是代表品牌形象的缓缓升起的太阳。

几乎每一户新西兰家庭都会有一本被反复翻阅的《埃德蒙兹烹饪书》（*Edmonds Cookery Book*），这本书初版于 1908 年，至今仍然保持每年两万本的销量。书中的食谱种类多样，但主要还是集中在烘焙，尤其是可以用到埃德蒙兹发酵粉的烘焙食谱。当大家想要查找蛋糕、饼干和其他甜点的食谱时，会在第一时间翻阅这本烹饪圣经。书中的食谱涵盖了新西兰人下午茶的各种最爱，香蕉蛋糕、姜汁坚果蛋糕、阿富汗饼干、奈尼斯挞、露易丝蛋糕（在一层薄蛋糕或薄饼上抹上果酱，然后放上椰子蛋白甜饼入烤箱烤）、小煎饼、澳新军团饼干、司康、健康饼、悠悠饼、花生布朗尼、柠檬蛋白派、棉花糖黄油饼干、比利时饼干、蜂巢曲奇饼等，红枣蛋糕、姜汁之吻、拉明顿和网球蛋糕也很受欢迎。

\* 典型的阿富汗饼干，顶上
是巧克力霜和核桃。

奈尼斯挞在澳大利亚也颇受欢迎，其做法是将饼干做成中空，中间注入甜味明胶状奶油，外层覆盖上双色糖霜，最常见的颜色组合是白色和棕色、白色和粉色以及粉色和棕色。奈尼斯挞是如何得名的还是一个谜，甚至连发音也未能统一，但似乎都指明它的德国血统。最常见的说法是，1913年在澳大利亚新南威尔士州格朗格隆镇上，一位叫作鲁比·奈尼斯（Ruby Neenish）的家庭主妇发明了这种饼干，她可能是由于巧克力不够了，不得不加了一半牛奶，糖霜颜色就变成了白、棕两色。

尽管网球蛋糕在 20 世纪早期就已经十分流行了，但其做法并未出现在《埃德蒙兹烹饪书》里。这是一种维多利亚式轻水果蛋糕，伴随着 19 世纪晚期草地网球运动的风行走红，蛋糕原本是圆形的，但后来逐渐演变成长条形，类似于网球球场的形状。蛋糕的装饰也变得更加复杂精致，使蛋糕看起来像是个迷你网球场。

1910 年 12 月 30 日的《怀拉拉帕每日时报》（*Wairarapa Daily Times*）上刊登了一份网球蛋糕的食谱：

> 茶和网球不可分割，一个美味的蛋糕更能起到锦上添花的作用。接下去的食谱……能让最挑剔的人都交口称赞。
>
> 原料：1 磅（约 453 克）黄油、1.25 磅（约 567 克）的细砂糖、12 个鸡蛋、1.25 磅（约 567 克）面粉、0.75 磅（约 340 克）的碎杏仁、0.5 磅（约 227 克）苏丹娜葡萄干、4 盎司（约 113 克）黑加仑、4 盎司（约 113 克）橘皮、4 盎司（约 113 克）碎樱桃、香草精华。

做法：搅拌黄油和糖，每次往里加入两个鸡蛋，然后加入香草精油，搅拌均匀后倒入面粉，最后加入黑加仑、葡萄干、橘皮和樱桃，混合均匀成为一个完美的面糊，放进锡纸盒里，将烤箱调到适合温度，入烤箱，烘烤完成后晾至常温，顶上淋杏仁酱，裹上翻糖糖霜。

最配的茶是帝国有限公司生产的龙牌混合茶……

* 《下午茶》，1917 年 3 月。

* 照片拍摄的是莫德·赫德（Maud Herd）和她的丈夫莱斯利·阿德金（Leslie Adkin）在草坪上喝下午茶的情形。

* 茶几的摆设十分高雅，纯白色桌布的四周镶有蕾丝。莫德正从一个银色茶壶里将茶水倒入精致的瓷杯中，而她的丈夫正充满期待地注视着她。用来配茶的是煎锅烤饼（Griddle scones）。

## 战争和大萧条时期

茶和饼干帮助士兵们撑过了战争。新西兰士兵诺曼·格雷（Norman Gray）在 1916—1917 年加入了西部战线，他在日记中写了茶和饼干是怎样鼓舞了疲惫不堪的士兵们的：

已经下了整整两天半的雨，雨势却还没减弱。我们终于快要登上山顶了，在 60 个小时的不眠不休之后，每一个人都筋疲力尽，必须打起一百二十分的精神来防止在泥潭里把骨头摔散架。到了山脊的时候，就在我们离营地不远的地方，基督教青年会用食物来欢迎我们。每个人都分到了一杯茶和两包饼干。

二战期间和二战后的新西兰维持了一段时间的配额制度，茶的配额是每人每周2盎司（约57克），其他烘焙必需品，比如糖、黄油和鸡蛋也都受到了配额限制，奶油在市场上已经销声匿迹。下午茶烘焙受到了巨大挑战，当时的很多烹饪书开始介绍一些不含鸡蛋的蛋糕和布丁食谱。

20世纪30年代的大萧条时期，日子很不好过，但人们还是会做蛋糕，尤其是海绵蛋糕。海伦·利奇解释说，在大萧条时期，那些收入没有降低的家庭可以从食品价格下降中受益，但直到今天仍然有很多新西兰家庭在后院花园里搭鸡舍，这样她们就不用担心吃不上鸡蛋。她接着说道，新西兰农民联盟的妇女部出版了一本烹饪书，其第二版将蛋糕放在了第一章，包括了大量可以用于下午茶的食谱：30种水果蛋糕、13种海绵蛋糕和33种什锦蛋糕（其中包括种子蛋糕、卡其蛋糕、史密斯小姐蛋糕、大理石蛋糕、马德拉蛋糕、粉红可可三明治、菠萝蛋糕和土豆焦糖蛋糕），另外还有6种巧克力蛋糕。因为鸡蛋并不容易获得，所以书中也介绍了一些不含鸡蛋的蛋糕食谱，包括姜汁面包、核桃红枣蛋糕和三种水果蛋糕。

1950年开始，新西兰人的生活变得富足起来，配额制渐渐走到了尾声，商店里也出现了类似内克（Neeco）牌电灶和凯伍德（Kenwood）牌食物搅拌机之类的各种现代化烹饪用具。这些工具的出现大大降低了烘焙难度，主妇们又开始把烘烤罐塞得满满的。但另一方面，越来越多的女性走入职场，各种食品厂生产的饼干随处可见，大家变得不再那么热衷于家庭烘焙。那些充斥着银质茶具、上好瓷器和白色亚麻桌布的下午茶会让位给了更为现代的晚宴和自助晚餐。尽管如此，新西兰人仍以烘焙为傲。西比尔·埃克罗伊德（Sybille Ecroyd）深情回忆了20世纪80年代在奥克兰的婆婆家中的下午茶时光，那时候烘烤罐似乎永远都不会空：

> "小山羊"（Edglets）和"比利"（Bell）都出售各种茶叶，人们要么喜欢前者，要么喜欢后者，都觉得自己的茶比对方略胜一筹……在约翰母亲的家里，配茶的是好几磅黄油和数不清的糖做成的蛋糕和饼干，每周如此！家庭烘焙包括健康饼干、司康（加入干红枣的红枣司康是大家的最爱）和蛋糕（比如姜汁坚果蛋糕、露易丝蛋糕等），芭芭拉做起蛋糕来简直如鱼得水，家里的烘烤罐从来没有空着的时候，我们也从不用在商店买饼干。

## 著名的茶室枪击事件

并不是每一个女人都喜欢烘焙，也并不是每一个人都擅长烘焙，有些人就喜欢在茶室享受下午茶。对于19世纪的女性来说，茶室意味着自由，她们可以在这里公开社交，也可以在这里消除购物的疲劳。对于那些不太宽裕的人来说，茶室也是理想的生日聚会场所。在新西兰，大多数茶室开设在商场顶层，需要和戴着白手套的侍者共同搭乘电梯才能到达，电梯上升的过程中，侍者会报出每一层出售商品的种类，类似于"往上一层，淑女服装"。茶室一般都很时髦，也很正式。茶室的典型形象是高天花板、藤制家具、棕榈树、银质茶具、白色桌布和穿着黑白制服的服务员。三明治、司康、蛋糕一类的茶点食物摆在银质蛋糕架上。

当时最时尚的一家茶室开设在新西兰最古老的柯克卡尔迪和斯坦因（Kirkcaldie & Stains）百货商场里。这家成立于1863年的百货商场位于惠灵顿的兰姆顿码头，创始人是两个新移民，一个来自苏格兰，一个来自英格兰。百货商场一直生意繁荣，到了1898年扩充了原来的场地，为女士们建了外观华丽、布置高雅的休息室和茶室。茶室在商场一层，客人们可以在此欣赏哥特式拱门、气派的玻璃双门以及一架巨大钢琴演奏出的优美音乐。茶室侍者们都穿着白色领口的黑裙子，戴着帽子，围着围裙。茶室吸引了大批客人，他们不仅可以享受茶室里的蛋糕和茶，更重要的是可以享受自由自在的时间。

茶室开张后没多久就发生了一件极具戏剧性的事件。那是一个傍晚，茶室里坐满了客人，茶室经理爱伦·迪克女士（Ellen Dick）从厨房走出来，一位名叫安妮·麦克威廉（Annie McWilliam）的顾客突然掏出了一把0.45口径的六室左轮手枪向爱伦连开三枪，爱伦转身倒在了通往厨房的门边。神奇的是，子弹并没打中爱伦，距离心脏最近的那颗子弹因为她穿的紧身胸衣也偏离了位置。最后，爱伦只有轻微的划伤，她的紧身胸衣救了她的命。客人们纷纷逃出茶室，麦克威廉则佯装镇定地走下楼梯，被商场经理西德·柯卡迪先生夺下了手枪。据报道，她当时说道："请给我一杯茶，我是为了茶才来这儿的。"这次意外并没有影响到茶室的受欢迎程度，实际上，之后光顾茶室的客人甚至更多了。

除此之外，还有很多百货商场茶室。茶界权威威廉·尤克斯（William Ukers）在1935年写道："每栋稍有影响力的建筑里都有一家茶室。"他还指出巴兰坦有限公司茶室（J. Ballantyne & Co.）和位于奥克兰米尔恩乔伊斯（Milne & Choyce）百货商场顶层的都铎（Tudor）茶室都是很好的茶室。都铎茶室不仅有专供一至四名客人的镀镍茶壶，还有一个计量仪器来保证准确的茶水量。除此之外，店里还有一个特制的加热器来保证每壶茶里的每一片茶叶都是在正确的温度里浸泡。

克赖斯特彻奇的比斯百货公司（Beath & Co）有一个屋顶花园茶室，茶室里有管弦乐队表演台，以及带有金色装饰和青铜栅栏的翠绿墙壁。奥克兰的约翰·考特百货商场（John Court's）有一家宽敞的屋顶茶室，屋顶花园不仅可以看到儿童游乐园，更可以欣赏到整个奥克兰城和怀特玛塔港的壮丽景色。这家茶室以早茶闻名，在几十年的时间里，它都是用"与你相约——约翰·考特"作为广告语。位于惠灵顿 D.I.C 商场的茶室被认为是这个城市里最好也是最时髦的茶室，伊丽莎白女王和爱丁堡公爵在1954年访问新西兰时，曾经在这里参加晚宴。然而并不是每一个女人都有空在茶室享受休闲时光，当时有很多女性在商店、餐馆或是工厂打工，也有一些女性开始经商。

在1906年的新西兰国际博览会上，梅丁小姐（Miss Meddings）成功中标位于博览会一层的樱桃树茶室。这家茶室主要供应茶和各式小蛋糕、方块蛋糕、司康、小圆面包、派和冰淇淋。帮助梅丁小姐中标的是埃塞尔·本杰明（Ethel Benjamin），她是新西兰的第一位女律师。梅丁小姐的中标文件中写道："每一丝力量都会被用来增加茶室的吸引力，每一分钱都会被用来吸引客人。"她从弗莱彻·亨弗莱斯公司（位于克赖斯特彻奇的茶叶进口商和包装商）买来了"最好的茶"，预订了"最好的黄油"，还租了 100 把核桃色的奥地利藤椅。

另外一位与茶室生意有关，同样辛勤坚韧的女性叫作安·克莱兰德（Ann Cleland）。1900 年，她租下了咖啡宫的场地，开始经营一家茶馆、午餐沙龙兼牛排屋，同时将名字改为 ACM 公司。她的经营十分成功，到了 1911 年，她的租约中又增加了联合茶室的店铺和宴会厅。她的两家茶室，以及商店、烘焙坊和烧烤屋的生意一直很兴隆。一战期间，由于各种原材料短缺，ACM 公司开始烘焙一种较小的茶点——长条蛋糕。这种行为遭到了当地面包房的抵制，面包房不再给茶店供应三明治面包。但安还是不改其志，开始生产自己的三明治面包并获得了巨大成功。

罗托路亚（Rotorus）的蓝色浴池（Blue Baths）茶室是新西兰的另一家经典茶室，它位于罗托路亚蓝色浴池的上层，刚好可以俯瞰一侧的蓝色浴池和另一侧的政府花园。蓝色浴池茶室是当时国家旅游业发展计划的一部分，第一阶段于 1931 年开张，最后一个阶段完成于 1933 年。设计师是当时的政府建筑师——约翰·梅尔（John Mair），梅尔在美国接受教育后，又在欧洲工作了一段时间，以其偏离传统的建筑风格著称。具体到蓝色浴池的设计，他结合了罗马浴场的对称格局、现代艺术的异域色调，以及西班牙传教士和地中海风格，建造出了一座具有 20 世纪 30 年代别致风格的宏大建筑。

蓝色浴池大受欢迎，很快就成为人们"非去不可的旅行圣地"，大家纷纷前往，在蓝色浴池里玩玩水，然后到楼上的茶室享用下午茶。茶室的格调高雅，室内摆放着盆栽、高背椅子，铺着白色桌布的方形木桌，上方是熠熠发光的玻璃穹顶。店里一共有四名服务员，都穿着印花束腰的紧身连衣裙和白鞋，其中两名负责泡茶和摆木制蛋糕架上的食物（共分三层，上层是三明治，中间是司康果酱和奶油，下层是小圆薄饼）；另外两人负责为客人们端下午茶点心，她们把蛋糕架放在茶水车上层，茶杯、茶碟和茶壶放在下层，把装有茶水的铬制茶壶和铬制糖碗一起端给客人。一份配蛋糕（奶油或奶酪蛋糕）或果酱挞的下午茶售价九便士，一份配三明治的下午茶售价一先令。

在第二次世界大战期间，新西兰皇家空军征用了这家茶室，并关闭了其中一个浴池。空军离开后，艾薇·道森（Ivy Dawson）盘下了茶室，重新经营起来。1946 年，她将茶室转给了康妮·哈加特（Connie Haggart）和罗伊·哈加特（Roy Haggart）。战争结束后，所有人都在热烈庆祝，这家茶室也迎来了它的全盛时期——方桌都还在，盆栽也都还在，甚至连深蓝色窗帘也还在。为了承接更大的订单，哈加特夫妇又新添上大容量瓷壶。茶室能容纳 80 个人，几乎每天都坐满了。到了夏天，店里需要雇用 13 名服务员，她们现在不再穿统一制服，只是围上白色围裙。两名厨师专门负责制作巧克力、咖啡、纯海绵蛋糕、拉明顿、奶油泡芙和巧克力饼干。康妮做的柠檬挞也十分有名，在她和丈夫一起经营茶室的五年里，她亲力亲为制作了几百个柠檬挞。

\* 优雅的罗托路亚蓝色浴池茶室建筑，将现代艺术风格与 20 世纪 30 年代西班牙风格巧妙融合。

时移世易，到了 20 世纪 60 年代，赫赫有名的蓝色浴池景点开始出现亏损，到了 1982 年，不得不和茶室一起正式关闭。到了 1999 年，一家共同合伙公司让蓝色浴池恢复了往日的光辉，除了主浴池被改成了草地以外，基本维持了原来的样子。茶室也重新开放，游客们终于可以重新欣赏到水磨石楼梯和楼上壮丽的景观，感受 20 世纪 30 年代的下午茶氛围。

在达尼丁的萨沃伊（Savoy）茶室能尝到最高品质的下午茶，在萨沃伊的鼎盛时期，这里几乎成为达尼丁的社交中心。很多人至今都记得小时候来这里喝下午茶的兴奋感，他们可以坐在彩色玻璃窗边的桌子旁，尽情享用蛋糕架上的各种食物，尤其是这里的蝴蝶蛋糕。多谢南方遗产基金会的资助，下午茶风俗得以在这里恢复保存。老萨沃伊茶室的瓷器大多都丢了，剩下的只有少数从地下室爬满灰尘的箱子里翻出来的银质茶壶、牛奶罐和糖碗。现在，人们又可以完完全全享受那种铺着正式桌布，听着钢琴伴奏，间或和着爵士乐队跳上一支舞的下午茶时光了。

而今的新西兰，咖啡远比茶要受欢迎得多，那些在 20 世纪 90 年代大受欢迎的茶室都在慢慢消失。但另一方面，很多新的咖啡馆又继承了传统新西兰茶文化的一部分，开始重新制作阿富汗饼干、澳新军团饼干、胡萝卜蛋糕和拉明顿这样的下午茶点心。

新西兰铁路一直都是茶室的坚定支持者，他们将茶室称为休息室。在蒸汽火车的鼎盛时期，火车站会租下一些地方作为最初的休息室，火车引擎需要休息，水需要降温，乘客们也一样需要休息和水。因此，火车停靠点的服务（包括公共厕所服务）就成为乘客服务必不可少的一环。大卫·伯顿（David Burton）在他的《新西兰饮食和烹饪两百年》（*200 Years of New Zealand Food and Cookery*，1982）里，回忆了20世纪60年代"茶水盛在特别加固的茶杯里"，"源源不断的人们像疯了一样冲进茶室，购买蛋糕、三明治和派"。火车餐车出现于1899年，餐车上开始供应的餐食中包括早茶和下午茶，茶水搭配黄油面包、饼干、三明治食用，但这样的服务成本实在太高，因而在1917年被取消了。

# 南非："彩虹之国"的特色食谱

◆

由于南非丰富多彩的文化和几次殖民与移民浪潮造就的种族多样性，这里被叫作"彩虹之国"。在17世纪，荷兰东印度公司在好望角建立了第一个居住点，并开始与原住民进行贸易往来。来自欧洲（荷兰、法国和德国）的农民也被允许在此建立永久居住点。这些人后来被称为阿非利卡人（Afrikaners），阿非利卡人和他们的后代将奴隶从东南亚运到这里，并让他们在农场和厨房劳作。这些奴隶和他们的后裔被称为开普马来人（Cape Malay），他们为开普马来菜肴打下了基础。19世纪早期，英国人取得了好望角的控制权，将大量来自印度的契约劳工运到南非为他们管理甘蔗、香蕉、茶叶和咖啡种植园，南非的种族进一步增加。19世纪晚期，更多的印度人来到南非，其中很多是来自古吉拉特邦的贸易贩子。

## ❀烘焙书里的特色茶点

在南非，不同的种族造就了南非丰富多彩的餐饮文化，除了开普马来人和印度人的咖喱和烤肉，早期的欧洲定居者也带来了他们的烘焙技术，这从下午茶时各式各样的烘焙食物中就能明显看出。

希尔达贡达·达基特（Hildagonda Duckitt）是第一位收集典型南非食谱的人，她在教堂集市名声大噪，不仅因为她的蜜饯和酸辣酱，也因为她烤的"轻蛋糕"实在美味。她还邀请布尔战争伤残者和护士们饮用下午茶，并准备了司康和蛋糕。在希尔达的食谱书《它在哪儿？》（*Where is it?* 1891年初版，后又经历多次改版）中收录的食谱反映了烘焙文化的多样性，包括各种茶点饼干和茶点蛋糕，例如黄油饼干、五点茶司康、源自荷兰或德国的各种挞、环形甜薄饼、非洲小甜饼（Soetkoekies，阿非利卡人的传统饼干，口感辛辣有嚼劲）以及希尔达蛋糕。

希尔达·格伯（Hilda Gerber）编撰的《开普马来人传统烹饪》（*Raditional Cookery of the Cape*

*Malays*，1957）中有大量的下午茶蛋糕和饼干食谱。她在书中声明，除了一份食谱例外，其他全部源自最早的欧洲定居者。"开普马来人做起泡芙糕点、酥皮点心、海绵蛋糕来，和欧洲大陆上的家庭主妇一模一样。"书中的食谱包括苹果挞（作为甜点时要趁热吃，配茶时需晾凉吃）、苹果小馅饼、椰子小馅饼、椰挞、椰子饼干、小豆蔻饼干、黄油饼干和砂糖饼干，此外还有葡萄干面包、葡萄干小馅饼和红薯蛋糕，牛奶挞（外层酥脆，中间有肉桂味的奶油夹心）也很受欢迎。轻奶油蛋糕一般是双层的，中间用果酱、黄油或淡奶油黏合在一起，另外，由于马来人非常喜欢艳丽的颜色，她们总是会给食物加上稍显俗艳的颜色，上层可能会抹成红色，下层则会抹成淡紫色，再加上绿色的糖霜。唐克奶油蛋糕是一种深色的奶油蛋糕，在做面饼的混合物时加入了可可粉，之后填上果酱、黄油或者鲜奶油，经常会加上白色或者亮粉色的糖霜，然后裹上大量椰丝。

希尔达的书里收录了三份双姐妹酥饼（koeksister）的食谱。"Koeksister"这个词来源于荷兰语中的"koekje"，也就是饼干的意思。这是一种需要深炸的面团，与甜甜圈略有相似。双姐妹酥饼一般蘸枫糖吃，外层酥脆粘牙，里层口感滑润甜蜜，是一种非常适合下午茶的点心。双姐妹酥饼有两种很受欢迎的做法，一种是阿非利卡人的做法，呈编织绳状；另一种是卡普马来人的做法，呈扭曲状，甜度稍弱，吃起来有辛辣味，外层会撒上少量椰丝。希尔达还建议，如果喝茶的人数比较多，那么不要用茶壶泡茶，而是按照习俗用白色小桶泡茶。

### 如何用白色小桶泡茶

将茶叶装进袋子里，按照茶水需要量倒入沸水，加入少量糖，等茶水颜色变得足够深之后，取出袋子，加入碾碎的小豆蔻种子，如果你喜欢的话，也可以加入一小块晒干的生姜，最后加入牛奶，将茶水装入茶杯中。

在南非定居的印度人对南非的饮食和文化也产生了巨大影响，其中就包括下午茶文化。祖雷卡·玛雅（Zuleikha Mayat）编纂的《印度美食：妇女文化团体食谱书》（*A Book of Recipes by the Women's Cultural Group*，1961）中，有一整个系列是关于"下午茶时的甜食"的，其中包括香蕉煎饼（banana puri，实际上是一种圆形油炸威化饼，与香蕉毫无关系）、印度甜甜圈（goolab jamboo）、米泰斯（mithais，甜食的总称，包括印度奶酪、甜味炸三角、印度椰丝糕、拉杜球、印度米布丁等）、黄油曲奇（nan khataay），以及冰淇淋等其他甜点。书中还给出了自助下午茶的建议菜单，其中包括咸味食物，例如克捏（Chana chutputti，印地语，用鹰嘴豆做成罗望子酱，加入小白豆、西红柿、洋葱、椰子，然后用姜黄、小茴香、姜和大蒜调味），炸鱼排（用药草、大蒜和辣椒调味），印度膨膨饼（puri pattas，辣味肉排和炸面球的组合）等。在南非，碎肉饼（patty）一般用山药阔叶裹起来，先混合鹰嘴豆粉、香料和罗望子酱，抹在山药叶上，卷成圆柱形入锅蒸熟，晾凉后将碎肉饼切片、煎熟后和炸面球一起上菜。其他自助下午茶建议菜谱还有酸辣酱柠檬汁腌黄瓜、雪佛达（chevda，将大米片、爆米花、鹰嘴豆汤、剖开的绿豌豆、花生、切碎的洋葱、青椒、切成薄片的新鲜椰肉、腰果和香料混合在一起的辣味食物，被称为"下午茶必备"），以及各式甜食，如冰淇淋和苏卡穆卡（孟加拉语"Sookh Mookh"，一种用新鲜椰肉、杏仁、香菜籽、芝麻和茴香做成的食物）。饮料除了茶之外，还会有新鲜果汁和其他软饮。

南非最有名的点心之一叫作赫尔佐格饼干（Hertzoggies），这个名字来源于赫尔佐格将军，他在 1924 年至 1939 年之间担任南非总理，据说这是他的下午茶最爱。赫尔佐格饼干是一种口味比较清淡的果子馅饼，饼干馅是杏酱，上面撒上椰子酥皮。赫尔佐格将军的直接竞争对手扬·史末资将军（General Jan Smuts）的支持者们紧接着发明了一种以史末资命名的果子馅饼，馅仍是杏酱，但上面撒的不是椰子酥皮，而是一种蛋糕状的混合物。

＊ 赫尔佐格饼干

另一个起源于南非的下午茶宠儿是由南非最有名的烘焙食品公司生产的网球饼干。这是一种方形饼干，吃起来口感清淡酥脆，里面添加了少量椰丝。最早将饼干设计成了网球拍的样子，孩子们一般会沿着饼干四周咬到最后只剩下一个球拍头。遗憾的是，从 1982 年开始不再沿用这种设计。

南非的外出喝茶习惯与世界其他地方差不多，在开普敦、德班、比勒陀利亚和约翰内斯堡这些大城市，很多酒店和茶室提供不同种类的下午茶或傍晚茶服务。开普敦的贝尔蒙德纳尔逊山酒店的下午茶供应各种南非小吃，包括鲜奶挞、司康、柠檬挞、法式乳蛋饼和三明治。如果想要尝试印度风味，则可以去到德班的吉拉茶室（Jeera），那里供应孟买茶和玛莎拉奶茶，甜食有玫瑰马卡龙、黄油饼干、肉桂饼干，咸味食物有烟熏鲑鱼贝果（加印度乡村奶酪和黄瓜）、孜然三明治等。约翰内斯堡的银茶匙（Silver Teaspoon）茶室完全沿袭了维多利亚时代的风格。在同样位于约翰内斯堡的伯爵夫人茶室（Contessa），人们可以只是品茶，或者享受一顿傍晚茶，这里有各种口味的茶供客人选择，其中包括椰子雪花（coconut snow）、热带气息（tropical breeze）和玛莎拉印度香料奶茶（masala chai）等等。

enang    Zanzibar    Branch of
Clove Tree

Chapter Five

第五章

*India and the Subcontinent*

**印度和南亚次大陆**

早在 17 世纪初，在印度的英国人就知道茶叶了，他们在苏拉特和孟买都有贸易据点，不过这时候茶叶还没有传到英国本土。最开始是荷兰商人把绿茶从中国带到苏拉特，那时茶被认为是一种药用饮料。1638 年访问过苏拉特的荷尔斯泰因宫廷绅士特·曼德尔斯洛（Alert Mandelslo）曾经记录："在每天的例会上，我们都会喝 Thé（法语"茶"），它在印度各地非常普遍，是一种用于促进消化的药物饮料。"

　　约翰·奥温顿（John Ovington）是一位来自苏拉特的牧师，他是早期的茶爱好者。他的印度旅行日志《1689 年到苏拉特的航行》（*A Voyage to Surat in the Year 1689*）记述了在印度的荷兰商人把茶"作为一种固定的娱乐，茶壶很少从火上拿下来"。那时人们喝茶的时候还不加奶，不过有时会加糖和各种香料。

　　不过那时候的茶叶非常昂贵，因此从 1774 年开始，英国就在探索在印度种植茶叶的可能性。他们在印度东北地区发现了野生茶叶，还在山地部落发现了一种叫作"用叶子包的食物"（miang）或"腌制茶叶"（lephet）的腌制发酵茶。

　　直到 19 世纪中叶，随着阿萨姆邦茶园的发展，英国人在印度的饮茶活动才真正开始。到了 19 世纪 60 年代，茶叶种植传到了喜马拉雅山脉的大吉岭地区、南部的尼尔吉里山和锡兰（斯里兰卡）。不过直到 19 世纪 70 年代，印度的茶业才算稳定下来，开始生产高质量的茶叶。

# 英国女人的"钓鱼船"

　　直到 18 世纪晚期，都鲜有英国女性冒险到印度去。印度是一个男性占主导地位的社会，女性在那里只扮演次要角色。在这个时期，英国人和他们统治的人之间有很多互动，很多被派去印度的英国职员融入了当地，他们吃辛辣的当地菜，穿印度服装，与印度商人建立了商业关系，甚至还有一些人与当地女性结婚生子。

　　不过这种融合并没有持续多久，不仅因为维多利亚时代严格的等级观被输入到印度，还有两个重要事件改变了这一切。其中之一是 1857 年起义，一般被称为"印度叛变""印度的第一次独立战争"或"大叛乱"。1858 年，英国在印度建立了君主制，结束了东印度公司长达一个世纪的统治，这就是所谓拉吉时期（Raj，在印地语中意为"规则"）。随后的几年中，在受到严格监管的种族和宗教界限内，英国人与印度人之间几乎不存在友谊或婚姻。

\* 装饰精美的印度银茶壶，19 世纪

第二件大事是 1869 年苏伊士运河的开通。从英国到印度的航行时间从三到四个月缩短到几个星期。英国人不仅可以回英探亲，妻子和家人也可以去印度和他们的男人团聚，女性们也可以去印度旅行。

拉吉鼎盛时期，许多有才华的年轻人去印度担任行政人员、士兵和商人，这样一来英国本土的优质男性就变少了，所以年轻女孩会跟随这些人一同前往印度，以期望能找到合适的丈夫，很多女孩是在完成英国教育后过去的，她们住在印度的亲戚或朋友家。这种社会现象被称为"钓鱼船"，年轻的女士们期望在忙碌的社交生活中度过美好时光，例如舞蹈或茶舞、聚会、野餐、下午茶、网球比赛、体操比赛等，恋爱往往开展得很快，许多人也确实找到了丈夫。（那些不太幸运没能成功"捕鱼"的女士，郁郁寡欢地回到英国，被人们无情地称为"折返的空船"。）然而蜜月结束后，这些女士的生活可能会发生戏剧性的变化，她们经常被带到偏远的地方，那里几乎没有欧洲人，生活与她们期望的完全不同。那里炎热的天气让人难以忍受，许多人变得烦闷、昏昏欲睡，整天躺在黑暗房间里的沙发上，一些人甚至不得不回到英国恢复元气。玛丽·弗朗西斯·比灵顿（Mary Frances Billington）在《印度的女人》（*Woman In India*, 1895）一书中写道，只有内心强大的人才不会"在炎热、懒惰和仆人的影响下，变得意志消沉、软弱无力和慵懒……堕落的第一个迹象是一个女人脱掉自己的礼服，开始穿着一件邋遢的喝茶时的袍子懒洋洋地走来走去"。

有很多关于持家和烹饪的书在当地出版，目的是帮助刚到印度的英国太太们在本地仆人们的帮助下，战胜对厨房肮脏和空间狭小的恐惧，烹饪不熟悉的食物。书中还用复杂的社会因素来解释款待和娱乐的规则，这些规则应用广泛，足以应对当地的复杂生活。

下午茶通常在午餐后的晚些时候供应。英国人喝茶的方式和今天一样，都是加牛奶和糖（在印度，糖的形式可能是粗糖或椰枣糖）。有些人喜欢在茶里加香料，有时还会加入其他东西，比如在比阿特丽丝·维耶拉（Beatrice Vieyra）制作的切奇（Cutchee）茶中，不仅加了牛奶和糖，还有杏仁、西米、豆蔻荚和玫瑰水。

就娱乐而言，茶会被视为奢华晚宴派对之外的一种更经济的选择。在夏季社交季节，人们会在山上的花园中举行下午茶聚会，冬季则在平地上举行。聚会上有三明治，它是传统的英式风味，里面有鸡蛋、鸡肉、番茄、水芹或黄瓜（可能会撒上一点辣椒），但这种传统食物一般会与当地印度菜融合成英印风味，比如德里三明治，是用凤尾鱼、沙丁鱼和酸辣酱制成的咖喱三明治。肯尼·赫伯特上校（Colonel Kenney-Herbert）给出了一个相当美味的德里三明治配方：

原料：三明治的馅料可以是任何腌好的肉，佐以黄油、尼保罗（Nepaul）胡椒、一勺芥末。

做法：首先在肉里加点黄油，再加一片奶酪，抹上点新鲜黄油，一勺芥末，少许黑胡椒粉和盐，加一条凤尾鱼，揩去油，如果太稠，就用一点黄油过过筛子，混合均匀，加一点胡椒粉，铺在面包上。

凤尾鱼鱼片配上橄榄片，加入捣碎的熟鸡蛋和黄油，再撒上一点胡椒，一个美味可口的三明治就完成了。

\* 淑女和绅士们在印度喝下午茶。

\* 这幅画最初刊登在 1880 年伦敦《图形周刊》上。

拉吉时代的一些蛋糕对印度人也颇有影响。用当地水果和香料做的水果蛋糕和印度姜饼一样受印度人欢迎。巴特利夫人（Bartley）在《印度烹饪将军》（*Indian Cookery General*, 1946）一书中所写的碟形蛋糕（Saucy Kate）就是个很好的例子：

> 把 1 磅（约 453 克）细面粉，3 盎司（约 85 克）糖粉，少许盐，3 盎司（约 85 克）融化的黄油混合搅匀，加入牛奶做成面团。取两个椰子，把里面的白色果肉刮成薄片，加入 1 汤匙杏仁片，2 汤匙白李子，等量的葡萄干，半磅（约 227 克）糖和捣碎的 6 粒小豆蔻种子，充分混合。把油酥皮擀成薄薄一层，在锡盘里放一层，在油酥皮上撒上一些甜肉，重复以上步骤，油酥皮和甜肉交替，做成 7 层。用刀尖把它切成十字线，间隔两英寸，不需要太密。在表面涂满大约 4 盎司（约 113 克）的黄油块。烤至浅棕色。

在当时的英属印度，烘焙蛋糕和饼干对厨师来说是一个挑战。那时烤箱还很原始，细面粉、优质黄油和酵母也供应不足。高质量的罐装黄油和其他烹饪原料得从陆军和海军商店订购。拉吉时期的烹饪书里满是自制酵母的方子，使用的原料多种多样，有土豆、啤酒花、香蕉、大麦、棕榈汁和一种被称为莫瓦（mowha）的水果花。尽管有这些困难，女主人之间的竞争还是非常激烈，许多女士都试着亲手烘焙。不过寻求帮助也相当方便，因为许多印度厨师已经非常善于烘焙，正如伊索贝尔·阿伯特（Isobel Abbott）在《印度的间歇》（*Indian Interval*, 1960）一书中写的那样：

> 每当我们举行茶会时，巴希尔总是得意洋洋，他做的蛋糕、烤饼、小圆面包、泡芙以及各种甜品总能让我们大开眼界。
>
> 只要看一眼他的厨房，就会相信他的实力。他的烤箱是一个放在篝火上的煤油罐，罐上有一些燃烧的余烬，可以产生均匀的热量。要想把火保持在合适的温度，必须很有经验。面团慢慢膨胀，放在他旧桌子的一角，软糖在另一角冷却，桌子下面堆着一大堆羽毛笔，面板上点缀着一团粉红色的糖霜。一个漂亮的、经过冰镇的夹心蛋糕总是静静地躺在厨房的凳子上。压碎的蛋壳像五月的花瓣一样被扔在泥泞的地板上，他避开搅拌用的碗、盛着洗过干果的盘子和地板中央的大水烟管，像是在进行一种体操表演。我一开始被这种混乱吓了一跳，但很快就意识到我不可能用一堆柴火、一张餐桌和一把凳子做得更好。实际上，除了呆呆地看着，我什么也做不了。

\* 《库克的房间》（*The Cook's Room*）

\* 这幅插画来源于阿特金森船长（Captain G. F. Atkinson）于 1859 年出版的回忆录《我们在印度站》（*Our Station*）。

　　下午茶中的蛋糕会出现印度式的名字，比如体操（gymkhana）蛋糕和蒂芬（tiffin）蛋糕。有些蛋糕是以某个地方命名的，比如努玛哈尔蛋糕（Nurmahal，努玛哈尔以其蛋糕而闻名）。食物历史学家戴维·伯顿（David Burton）将努玛哈尔蛋糕描述为"一种极其惊人的多层蛋糕，三种不同口味的果酱粘在一起，中间填满蛋奶沙司，还有蛋白霜"。

　　如果你足够勇敢地想要尝试这种蛋糕，这里有一份来自 E. S. 庞特（E. S. Poynter, 1904）的食谱：

努玛哈尔蛋糕

　　将四片大约一英寸（2.54 厘米）厚的海绵蛋糕切成椭圆形，每片比其他的小一些，在最大的那片上铺一层厚厚的杏酱，再铺一层蛋糕，然后再铺果酱，再铺第三层蛋糕和果酱，最后再铺最小的那片蛋糕。用手轻轻按压顶部，然后用刀尖儿将中心部分掏空，留下一个洞，把从中间取出的那部分捣碎，加入大量蛋奶沙司混合，然后把它们放到蛋糕中心，把两个鸡蛋的蛋白打成泡沫，倒在整个蛋糕上，最后把摇匀筛过的糖堆在中间。

　　还有一些受欢迎的下午茶，包括库尔库尔斯（kul kuls，有时被称为 kullah kulla），这是一种形状卷曲的甜点，用粗小麦粉（或大米磨成的粉）、椰奶和鸡蛋混合，然后滚到涂了黄油的叉子上成型，油炸后，涂上糖浆。

《印度烹饪将军》中还提供了一些杏仁甜食配方，包括用杏仁和糖浆做成的钻石形杏仁石（或叫作 cordeal），它用玫瑰水调味，并用几滴胭脂红涂成粉红色。

下午茶会上还会供应罐装饼干。肯尼·赫伯特上校（Colonel Kenney-Herbert）在《甜食》（*Sweet Dishes*, 1884）一书中写道："感谢皮克先生、弗里曼以及亨德利和帕尔默公司，让我们可以不费力气地获得质量上好的罐装饼干。"不过他补充道，如果可能的话，饼干最好是自己做。他提供了一些饼干的食谱，如修道院（convent）饼干、椰子岩饼、姜饼等。

\* 印度的亨德利和帕尔默饼干广告，19 世纪 80 年代。

\* 广告页上，大象在印度河的一个堡垒附近运送着英国人最喜欢的饼干。如果仔细看，可以发现这批饼干有"闺房饼干""俱乐部饼干""艾伯特饼干"和"瑞士饼干"。

许多太太们会在《印度管家和厨师大全》（*The Complete Indian Housekeeper and Cook*）这本书里寻求帮助。这本书最初由弗洛拉·安妮·斯蒂尔（Flora Annie Steel）和她的合著者格蕾丝·加德纳（Grace Gardiner）于 1888 年撰写，后来重版多次。她们都是勇敢无畏的女性，远渡重洋来到印度，嫁给了印度公务员，与家人在印度旅居了 20 多年。这本书对生活在印度的英国女性来说是十分珍贵的，因为它指导了持家和殖民生活的各个方面，比如如何管理厨房或举办聚会。

斯蒂尔就如何组织当时非常流行的网球聚会"给出了一些建议"：

下午茶被网球聚会所取代，因为后者对大多数人的钱包来说是更友好的娱乐形式。如今，印度正在适应这些外来的生活方式，一些大型车站里出现了餐饮服务（通常是瑞士人开的），他们以固定的单人价格提供茶和晚餐。

然而，节俭的斯蒂尔认为，这只是"节省麻烦，而不是节省开支"，并进一步建议：

> 我们发现，最好准备两个茶壶，每个茶壶的茶叶不要超过三茶匙。没有什么比茶"熬久了"再掺上水喝更无味、更有害的了。一定要加方糖和奶油；牛奶不可煮沸；即使在炎热的天气里，也可以把盛牛奶的广口瓶放在盛有水的陶制容器里保存 12 个小时，如果有一撮碳酸苏打或硼酸溶解在里面更好。

还有咖啡供应。在炎热的天气里，冷饮也非常受欢迎，比如克拉烈冰汽酒(claret cup)、典当酒(hock cup)和苹果酒(cider cup)。只需将冷冻至半液态的干红葡萄酒和典当酒放入苏打杯即可制成，非常解渴。斯蒂尔建议：

> 事实上，如果人们愿意尝试，他们会发现四分之一杯的冰牛奶加上一瓶苏打水，大概是世界上最好的网球饮料。在寒冷的天气，可以喝姜汁酒、樱桃白兰地、牛奶潘趣酒和其他利口酒。

她还补充道：

> 说到吃的，普通黄油面包应该常备。许多人都不在意蛋糕，却意外地发现喝茶或咖啡的时候，蛋糕是绝配。黑面包加上德文郡奶油、新鲜的黄油烤饼加上鸡蛋或少许奶油是最受欢迎的。适于网球聚会的蛋糕和甜点还有很多，但选择它们的时候，需要注意不要让它们的夹心给你"惊喜"。想象一下，当你咬一口看上去是实心的蛋糕时，一滴利口酒或奶油洒在你最好的裙子上，这无疑让人崩溃。
>
> ·············
>
> 茶几应该摆放整齐，上面用鲜花装饰。茶盘上盖着精致的刺绣装饰品，这是为了方便客人铺的茶布。在小车站举行的普通网球聚会，应该摆放两张托盘的萨瑟兰桌——一张放咖啡，另一张放茶——这样不仅方便，也让人愉快。当女主人不在的时候，客人们自己可以端上一杯茶或咖啡，而不用劳烦希特穆加。桌子上应该还有一些空间，可以放一盘黄油面包和一大块蛋糕。

在斯蒂尔夫人笔记的最后，似乎可以看出来她不太喜欢三明治：

　　在英国，已逐渐形成在下午茶中享用各种三明治的风气，但是这意味着我们可能会吃不下晚餐，因此那些准备成为美食家的人不应鼓励这种风气。

* 希特穆加阿巴斯汗（Abbas Khan）将茶具放在托盘中。
* 来自印度安巴拉的明信片。1905 年。

**※延伸阅读：希特穆加**

希特穆加（khitmutgar）是印度语中仆人的意思，他们通常是穿着精致服装的穆斯林，红色腰带和高头巾让人印象深刻。希特穆加一般会有几个助手，协助他把三餐还有下午茶摆放得整整齐齐。他在餐桌旁服务，负责茶、咖啡、鸡蛋、牛奶、吐司、黄油等的供应。据斯蒂尔的描述，仆人们在午饭和下午茶之间（这段时间经常不定时）不能离开家，为此他们会收到额外的小费。

因此，如果下午有客人来访，仆人随时都在身边；壶里的水已经烧开了，所以在点餐后不到五分钟的时间内，会有一个机灵的仆人端着盘子、烤面包、蛋糕等出现。不过，并不是每一位印度客人都乐意被招待，但他们还是喝完一杯茶又不明智地接受了下一杯。

米尔德丽德·沃思·平卡姆（Mildred Worth Pinkham）在她出版的《印度小屋》（*Bungalow in India*，1928）一书中，描述了在前院芒果树下举行的一场派对上，一位不速之客在享用美食：

> 这时，诱人的油酥饼出现了——这个点心超乎想象地好吃。然后发生了一件完全没有预料到的事情：客人们喝着茶，一只巨大的秃鹫落在桌子上，抓住一个诱人的椰子馅饼，逃到远处的一棵树上。

乔塔·沙哈卜（Chota Sahib）在他出版的《营地人的营地食谱》（*Camp Recipes for Camp People*，1890）中，给出了一种被称为总统蛋糕（Presidency Cakes）的椰子馅饼食谱：

> 取一个大小适中的椰子，把果肉凿掉，然后把一杯糖溶在少量的水里；加入椰子汁一起煮，继续搅拌直到沸腾，然后倒出来冷却；再加入四个打好的蛋黄，放在烤箱里的平底托盘里，再淋上刚冷却好的糊糊。烤好之后，趁热吃或者放凉吃都很美味。

此外，在运动会和慈善义卖会（这些活动在两次世界大战期间变得越来越多）上也有茶点供应，供应茶点的帐篷下经常见到草莓和奶油。

当天气酷热，没法在烈日下游戏或运动时，许多人会去山上避暑，如马哈巴勒什瓦尔山（Mahabaleshwar），人们可以在那里打一整天高尔夫球，喝着茶，吃着草莓和奶油，像这首诗所描述的：

> 马哈巴勒什瓦尔的女士们
> 边喝茶边吃草莓，
> 至于奶油和糖
> 她们慷慨地倒入茶中；
> 但浦那！哦，在浦那，

她们的心就要碎了

黄油融化了一段时间

苍蝇吃掉了蛋糕。

食品作家詹妮弗·布伦南（Jennifer Brennan）在《咖喱和军号》（*Curries and Bugles*, 1992）一书中回忆了 20 世纪 40 年代，当她还是一个孩子的时候，在印度悠闲的喝茶时光：

傍晚的太阳给阳台柱子涂上了颜料，给水泥地面上的草席印上了条纹。茶车上的银茶壶和热水壶在闪闪发光。花园里有刚浇过水的青草的香气和康乃馨醉人的芳香……三明治以精确的几何形状堆叠在盘子上。蛋糕和烤饼在银饼架上分层排列。妈妈拿着牛奶壶把牛奶倒入杯中时，杯盖上的蓝色小珠子发出丁当的响声。

帕特·查普曼（Pat Chapman）的作品《拉吉的味道》（*Taste of the Raj*, 1997）让我们深入了解了他祖母的食谱。他给出了南希（Fancy Nancy）的做法。这是一种美味的饼干，一般是茶会上的备选品，目的是防止做新鲜面包的师傅罗蒂·沃拉（Roti Wallah）临时有事来不了。查普曼描述了罗蒂·沃拉把一个大锡盒顶在头上，里面是热腾腾的新鲜面包和饼干。"还有一种特殊的东西很受欢迎：印度人每天喝两次牛奶，在饮用前将牛奶煮沸，冷却后会形成一层厚厚的乳脂，小孩子喜欢把这层乳脂涂在面包上，然后蘸着果酱吃。"当地的薄煎饼也会撒果酱或者涂上糖粉和黄油。

查普曼还提供了布朗乔治（Brown George，一种可以涂黄油的辣饼干，冷着吃热着吃都可以）和肉桂吐司（一种常见的拉吉时代下午茶）的食谱。

49

# PIC-NIC TEA AND LUNCHEON BASKET FOR 12 PERSONS.

———

4 Nice sized Pomfrets Soused.
1 Good Pigeon (or game) pie.
1 Ox-tongue, pressed (or tinned).
2 lbs. Nice cold Ham.
Cold Roast Turkey
6 lbs. Cold Beef (boiled, pressed or roast).
6 Nice Lettuice for Salad.
1 Tin Apricots.
1 Tin Pine-apple.
2 Fruit Tarts.
1 Cake, good size, Plum,
1   „   „   „   Plain
A few Jam Puffs.
1 lb. Tin Mixed Chocolates.
1 doz. Dinner Rolls,
6 Half Loaves
1 Tin Cheese Biscuits.
The Cruet-stand well filled and packed in box.
1 Bottle Mixed Pickles,
1   „   Walnut   „
1 Pot French Mustard.
1 Bottle Salad Oil.
Salt.
1 Bottle of Cream (boiled) for Tarts, Fruits. etc.
1 Jar of Butter.
1 Bottle Coffee Essence.
1 lb. Nice Cheese.
1 Tin Tea.
1   „   Sugar.
1 Bottle Milk (boiled).
The Matches.

* 康斯坦斯·伊芙琳·戈登（Constance Eveline Gordon）的《英印美食》（*Khana Kitab*）中的野餐茶篮清单，1904。

# 绅士们的饮茶俱乐部

◆

19 世纪初期，人们不分昼夜随时登门造访的习惯逐渐消失，大约从这个时候起，酒馆和咖啡馆变得不再流行。1835 年以后，美国轮船带来的进口冰块让这里萎靡不振的贸易恢复了生机，咖啡馆里供应的冰雪利酒风靡一时，与此同时，绅士俱乐部正在兴起。在加尔各答、孟买和德里，英国人复制了 19 世纪中期在英格兰建立的专属饮茶俱乐部。印度的第一家饮茶俱乐部——孟买俱乐部于 1827 年在加尔各答成立。目前尚存的第二大俱乐部马德拉斯俱乐部于 1832 年开业。直到印度兵变之后，俱乐部才开始在比较偏远的地区出现。德里的竞技场俱乐部成立于 1913 年，已经是相对较晚的了。茶农们也成立了俱乐部，比如大吉岭俱乐部（Darjeeling Club）和蒙纳的高级俱乐部（High Range Club）。起初，俱乐部是英国统治精英聚集的地方，商人和印度人是不能进入的。俱乐部为在印度工作的英国男人们提供舒适和娱乐，并为他们的家人提供适宜的环境，尽管妇女没有官方地位，也没有出现在官方成员名单上，但她们从俱乐部的建立中受益最大，因为以前她们能去的公开集会场所只有当地的圆形乐队大厅。

下午茶的地点一般是在小木屋里、阴凉的阳台上或者是修剪整齐的草坪上，其间会供应一些典型的英印风味的食物，如俱乐部三明治，用大蒜、青椒和磨碎的奶酪烤的烤肉，还有辣味的帕克拉（pakora）、咖喱角（samosas）和英国蛋糕。

俱乐部集中在体育场馆（如板球、马术、体操、网球等），酒吧和餐厅则成为许多体育赛事后举行聚会的场所。詹妮弗·布伦南（Jennifer Brennan）解释说："承办非常大型或重要宴会的是三个固定厨师：拉合尔的莱利斯、菲力提斯或拉朗格斯。除此之外，平常的茶点会定期由会员提供，每家的厨师都有展示自己厨艺的机会。这些茶点从小桥锦标赛三明治（petit bridgetournament sandwiches）到丰盛的自助餐，以及附带的水果杯和潘趣酒。"有一些俱乐部的拳头产品比较出名，例如萨高达网球俱乐部杯供应的印度浓茶。

# 印度人的街头小吃

◆

尽管茶在印度已经流行了一段时间，但一直局限于英国人中，印度人在很久之后才开始效仿。在早期，茶非常贵，虽然对茶的市场宣传活动很早就开始了，但直到第一次世界大战才逐渐能看到宣传成功的迹象。当时的工厂，如煤矿和棉纺厂等地都设立了茶档，工人们有了喝茶的休息时间。茶业协会在主要的铁路枢纽为印度铁路公司的小型承包商提供水壶、杯子和茶包。大型的镇子里也开设了茶叶店，不过到了 20 世纪 50 年代，茶才成为大众饮料。如今，茶是印度人日常生活中很平常的一部分，在火车站、公交车站、集市和办公室都能见到。印度人通常将茶与牛奶和糖一起煮沸，然后盛在一次性的陶杯里，喝完就可以把杯子扔掉。

"铁路茶"是印度最常见的茶。在旁遮普、哈里亚纳邦以及印度北部和中部的其他地区，马萨拉奶茶（Masala chai）很受欢迎。东印度（西孟加拉邦和阿萨姆邦）的人喝茶一般不加香料，他们会搭配街头油炸小吃，例如咖喱角或辣酱膨化米（bhel poori）一起食用。在加尔各答，可以从小吃摊购买一种名为热拌膨化米（jhal muri，有时称为 bengali bhel）的下午茶必备小吃。"jhal"的意思是"热"，"muri"是膨化米饭，是这种美味小吃的主料，配料有番茄、黄瓜、鹰嘴豆和煮熟切成薄片的土豆，加上香菜、椰肉片、绿辣椒、香料、盐，芥末油和罗望子汤，把它们全部扔在一个金属锅中混匀，然后包上报纸，就可以吃了。

在印度的英国人有所谓"轻早餐"（chota hazri）习俗，意思是仆人们给喜欢在凉爽清晨工作的雇主送来一杯加牛奶和糖的茶，以及一些水果或饼干。轻早餐在印度流传了下来，被许多印度人称为"床上茶"（bed tea）。

＊ 卖茶人和他的茶摊，加尔各答。

在印度很多地方，孩子们放学或者工作的男人们下班回家后习惯吃一些午后点心，一般是一杯茶（或者给孩子一杯牛奶）配上简单的油炸小吃，如炸菜饼和咖喱角，或者一些精致的英式茶三明治。在西孟加拉邦的一些地方，以及泰米尔纳德邦、北方邦和古吉拉特邦，这一餐格外重要。

在西孟加拉邦，英国王室留下的习惯之一就包括下午茶，当地人会饮用不含香料的英国茶，并搭配黄瓜三明治、蛋糕、咸味小吃食用。孟加拉人以对糖果的热爱而出名，糖果制作起来很复杂，通常是从当地的专业糖果制造商那里购买的，大多数糖果是用糖和凝乳制成的，包括圣德什（sandesh）、罗索格拉（rosogullah）、潘图亚（pantua）和拉斯马莱（rosomalai）。拉迪卡尼（ladikanee）是另一种甜点，它由面粉、糖和凝乳混合而成，被紧紧卷成一个小球，然后在热糖浆中炸。它是在19世纪中期由比姆·钱德拉·纳格（Bhim Chandra Nag）——一位著名的莫伊拉人——为当时的印度总督夫人坎宁（Lady Canning）的生日而发明的。

\* 北方邦温达文的糖果摊。

在印度南部，霍夫茶（hough tea）的销量长期排在咖啡之后的第二位。在安得拉邦和泰米尔纳德邦，蒂芬（tiffin）特别流行，蒂芬是指两顿正餐之间的小食，通常只吃点小零食佐茶，用来填补午餐和晚餐之间的空隙。如果哪一天没有蒂芬，这一天就是不完整的。在客人拜访泰米尔人时，主人通常会礼貌地提供蒂芬。泰米尔人有很严格的待客之道，如果客人拒绝食用蒂芬，可能会让主人觉得自己待客不够热情，所以在拜访某户人家时一定要留点肚子。点心一般有南印度特产多萨（dosa或 thosa，一种用米粉和黑扁豆做成的发酵薄饼）、阿普玛（upma，一种可口的粗面粉和豆类零食）、卷脆饼（murukku，一种用面粉和米粉做的油炸小吃，名字来源于泰米尔语"卷曲"一词，指的是它的形状）。不过，客人最好不要吃完主人提供的食物，不然主人可能会再去做一些。

在古吉拉特邦和马哈拉施特拉邦，下午茶是品尝咸味小吃法拉桑（farsan）的好机会。有些法拉桑可以从街头小贩或商店购买，不过很多都可以在家中制作。其中有很多不同的类型：有些是油炸后干燥存储的，另一些是新鲜的或者是蒸的。例如，古吉拉特邦的特色菜杜卡拉（dhokla），是一种用米饭和鹰嘴豆制成的蒸菜。还有雪弗达（chevda，在英国被称作孟买什锦），甘蒂亚（ganthiya，很脆，是用五香鹰嘴豆酱制成的油炸小吃）、法夫达（fafda，用面粉制成的传统香脆辣小吃）、坎德维（khandvi，只有一口大小，用鹰嘴豆粉、凝乳和香料制作而成）、拉格达（ragda，油炸的土豆馅饼）、瓦达（vada，各种类型的咸味小吃的通用术语）、马蒂斯（matris，拉贾斯坦邦的特色菜，一种咸味片状饼干）、卡赫拉斯（khakhras，用蛾豆、小麦粉、油和香料制成的薄饼干）和巴卡瓦迪（bakarwadi，用辣馅料铺开的面饼，卷起并油炸），还有咖喱角和巴吉斯（bhajis，将蔬菜放入面糊后油炸而成）。古吉拉特邦以其小吃米泰（mithai）而闻名，它们有些是用牛奶做的，比如巴菲（barfi，一种牛奶糖）；还有一些是用豆子做成的，比如甜扁豆馅的普里（puri，一种炸面包）和鹰嘴豆粉做成的哈尔瓦（halwa，一种酥糖）。

＊ 印度小吃雪弗达，配茶食用。

**※延伸阅读：英裔印度籍"混血茶"**

在 19 世纪中叶，"英裔印度人"一词指的是居住在印度的英国人，之后却用来表示英国男人和印度女人之间正式或非正式结合的后代。大多数英裔印度人是不同教派的基督徒，他们说英语，穿欧洲服装，在自己的社区内结婚；他们还有独特的美食，融合了南亚次大陆各地的菜肴以及英国和葡萄牙美食，有人称它们为泛印度美食。他们借鉴拉吉居民的茶饮习惯，形成了兼具两边特色的"混血茶"，并使其成为他们传统生活中的重要组成部分。"混血茶"提供诸如种子蛋糕、电报蛋糕（叫这个名字可能因为它可以快速烘烤）、椰子蛋糕、糖包子、茶饼、热烤饼、柠檬蛋糕和三明治，还有印度的辛辣小吃，像咖喱角、帕克拉和西弗哈蒂亚（sev ghatia，由贝桑面粉制成的咸味小吃）。圣诞节在英印日历中非常重要，在这段时间里，他们制作特殊的节日蛋糕和饼干，例如圣诞节蛋糕，库尔啤酒和精致酥脆的玫瑰（罗莎）饼干。

# 帕西人的美味茶点

　　帕西人（Parsi）是琐罗亚斯德教徒（Zoroastrian）的后裔，他们在 8 至 10 世纪之间为了逃避穆斯林入侵者的宗教迫害，从波斯移民到印度，最终定居在古吉拉特邦。他们将自己的文化与印度人的文化相结合，很快融入了印度人的生活，并出现了融合波斯、印度和英印风味的独特美食。

　　帕西人的下午茶小吃融合了古吉拉特邦、马哈拉施特拉邦和欧洲的美食以及本民族传统的甜味和咸味美食，让人十分享受。南卡泰（nankhatai）是一种口感浓郁的脆饼干，在孟买很多人会把它泡在胡椒籽玛莎拉茶（garam masala chai）里吃。苏拉特、纳夫萨里和浦那等城市都以饼干闻名。

　　在苏拉特，有一种特产叫哈里普尔尼（khari pur ni），它是一种轻脆的薄片咸饼干，还有一种叫巴塔萨（batasa）的脆圆饼干，可甜可咸，可以加孜然调味。根据比科·曼克肖（Bhicoo Manekshaw）所著《帕西美食与风俗》（*Parsi Food and Customs*，1996）一书中的说法，如果不把浦那的什鲁斯伯里姜和黄油饼干，还有用炸土豆条、椰子干和坚果做的又咸又辣的雪弗达带回家，那么你就不算去过浦那。喝茶时人们最喜欢的小吃是加提亚（ghatia），也叫甘提亚（ganthia），这种鹰嘴豆粉小吃是古吉拉特邦和马哈拉施特拉邦的特色。冰冻酸辣酱脆脆小吃（Bhel puri）是一种薄而脆的，混合着炒饭、炒扁豆和切碎的洋葱的油炸面团，是帕西人喝茶时最喜欢搭配的茶点。另一种典型的帕西茶风味是"篮子里的奶酪"（topli na paneer）。

　　许多帕西人都在家备有甜点，这样客人在一天中任何时候上门拜访都可以被招待好，当然在喝茶的时候也会吃这些点心。印度各地也有专门的甜点制造商，比如有名的酥糖店（halvais，孟加拉语叫 moiras），大家一般都会从他们那里购买制作费时的甜点，很少自己在家做。典型的帕西甜点包括小而圆的蛋白杏仁饼干，这种饼干吃起来脆脆的，用杏仁、腰果和马来纳卡哈（malai na khaja，一种果仁，反映了他们波斯人的血统）制成，油炸后蘸上糖浆；不过它的馅儿不是磨碎的坚果，而是玫瑰味的奶油。

有一些茶点小吃是可以在家里做的。比如芋头粽（patrel），它是用芋头夹上糖醋酱卷起来，然后油炸或蒸制而成。还有不同类型的油煎饼，比如用酵母或热轧面糊制成的波帕吉斯（popatjis），用香蕉制成的卡瓦（kervai）和用粗面粉或地瓜制成的卡卡里亚（kerkeria）。他们也会做一种叫查帕特（chapat）的坚果煎饼；还有一种叫奉献者（bhakras）的圆形蛋糕，用杏仁和开心果做成，加入豆蔻、肉豆蔻和葛缕子籽略微调味，通常还会加点棕榈酒。萨德纳斯（sadhnas）是另一种用米粉和棕榈酒做成的特色菜。其他甜点还包括用小豆蔻调味的甜木瓜（meethi papdi）、达尼波里（dar ni pori，塞满扁豆和坚果的馅饼）和卡约尔尼加里（khajoor ni ghari，塞满枣和杏仁的馅饼）。另外还有些小吃也很受欢迎，比如用碎小麦和坚果制作的海索饺子（haiso），还有里面塞满磨碎椰肉的卡曼纳幼仔饺子（khaman nalarva），大家也很喜欢吃库马斯（kumas，一种含有椰子汁的粗面粉蛋糕）。

还有一些美味的小吃，像巴塔瓦达（batata vada）这样的快餐饺子，它的做法是将煮熟的土豆与青椒、生姜、大蒜、酸橙汁、姜黄和新鲜香菜一起捣碎，然后蘸上一种面糊油炸，配上绿酸辣酱或炸青椒食用。卡罗拉沃（kharo ravo）是一种美味的粗面粉零食，还有美味的米片（choora）和米饼（saria）。

帕西人还借鉴了古吉拉特邦和马哈拉施特拉邦的菜肴。有一种小吃叫作巴贾（bhajia或pakora），用土豆和菠菜等蔬菜裹上面糊油炸而成，再配上用薄荷或糖醋做成的酸辣酱。在喝茶的时候，咖喱角也很受欢迎，而且孟买和海得拉巴的帕西人也有自己的特色咖喱角。咖喱角里面除了夹着蔬菜或碎羊肉外，通常也会加入各种各样的配料，包括浓稠的莫里酒酱。巴塔普里（batata puri）等膨化食品通常作为茶点小吃，帕西人在正餐时是不吃的。

## 街角的伊朗咖啡馆

在19世纪末20世纪初，第二波琐罗亚斯德教徒移民从波斯来到孟买，像帕西人一样，他们同样遭受了宗教迫害，想要在孟买寻求更好的生活。他们来自波斯较小的村庄，例如亚兹德（Yezd）——那里并不富裕。在孟买，他们被称为伊朗人。和帕西人一样，他们也带来了自己的饮食传统，然后将本民族的口味与印度风味融合在一起。伊朗人是天生的商人，他们很快发现了商机，那就是在街头为孟买的工人提供清凉的茶水和各种小吃。后来他们的摊位从街上搬进了屋里，被称为伊朗咖啡馆。这些咖啡馆通常在街角——这往往被认为是不吉利的，但实际上这是一个巨大的优势：这些咖啡馆在两侧都是可见的，阳光充足，很容易吸引顾客的注意力。咖啡馆里配有大理石桌面和曲木椅，墙上通常装饰着琐罗亚斯德的肖像和长镜。此外，在墙上或卫生间洗手的水槽上面，可能还会贴着一张告示，上面写着一长串"家规"，比如"禁止吸烟，禁止打架""不许大声喧哗，不许吐痰，不许讨价还价，不许欺骗"以及"不许赌博，不许梳头"。

\* 迪述姆（Dishoom）餐厅布告栏，摄于伦敦的一家伊朗咖啡馆。

　　尽管伊朗咖啡馆提供的菜单非常简单，但这里是一个看报纸或观察周围世界的好地方。咖啡馆最出名的是乳白色甜茶（paani kum chai），还有经常与之搭配的布伦马斯卡（brun maska）。布伦（brun，也叫 gutli pao）是孟买特有的面包，外表酥脆，内里绵软。一般人们会将面包切成薄片，涂上黄油或撒上糖，然后浸在茶中食用。伊朗咖啡馆的饼干，如可甜可咸的奥斯曼尼亚（Osmania）、南卡泰（nankhatai）和哈里（khari）以及蛋糕都很受欢迎。小黄油豆蔻味蛋糕（mawa）是用凝固牛奶制成的。伊朗咖啡馆还有一些出名的辣味小吃（例如辣炒肉末）和其他帕西特色菜（例如辣炒鸡蛋）。

　　伊朗咖啡馆先是在孟买，后来在海得拉巴都享有盛名，在 20 世纪 50 年代大概有 350 家，但到今天只剩下 20 家。好消息是似乎凯安尼（Kyani）咖啡馆和马万（Merwan）咖啡馆又重新开放了。

＊ 位于孟买南堡的凯安尼咖啡馆是现存最古老的伊朗咖啡馆，一个男人正在享用他的甜茶和面包。

# 大吉岭的午后茶饮

除了提供茶和小吃的伊朗咖啡馆，在酒店和餐馆也可以品尝到下午茶。

位于喜马拉雅山脉东部中心地带的大吉岭（Darjeeling）是一个旅游胜地，远处的山脉被白雪覆盖，茶树在陡峭的山坡和绿色的山谷中伸展开来，风景如画。大吉岭茶以其被比作麝香葡萄酒而闻名，常被称为"茶中的香槟"，是世界上公认的好茶。杰夫·凯勒（Jeff Koehler）在其著作《大吉岭》（*Darjeeling*，2005）中描写过温达梅尔酒店（Windamere Hotel）和埃尔金酒店（The Elgin）提供的下午茶。温达梅尔酒店始建于 19 世纪 80 年代，是给来自英格兰和苏格兰的茶农提供的单身公寓，1939 年被改建为酒店。每天下午四点，黛西音乐室准时供应下午茶。温达梅尔酒店的下午茶传统始于 78 年前效仿的英国时尚，此后几乎没有什么改变。身穿镶褶花边围裙、戴着白手套的服务员从银壶里倒茶，端上一盘盘蛋白杏仁饼干、樱桃蜜饯小蛋糕和烤饼，他们要把烤饼切成片，在面包上抹黄油和奶油。银色浅盘上整齐排列着填满黄瓜、煮鸡蛋或奶酪的三明治，外层的面包皮已经被一把长锯齿刀刮掉了。

埃尔金酒店的下午茶菜单上也有三明治，该酒店最初是作为库克·比哈尔（Cooch Behar）君主的夏日避暑花园建造的。杰夫·凯勒这样描述周围的环境：

> 舒适的室内装饰着蚀刻画和石版画，来自缅甸的柚木家具，橡木地板，加上红色沙发和配套的靠枕，壁炉在冬天噼啪作响……埃尔金酒店的侍者裹着头巾，穿着军团制服，在镶嵌着珍珠母、锃亮厚重的木质边桌上供应下午茶。他们端起绣有字母的杯子、碟子和银器，放下一个叠在一起的茶盘（这种茶盘在爱德华时代被称为副牧师）。

他接着写道：

> 温达梅尔酒店可能会准备湿软的烤饼和可以使汤匙直立的浓奶油，而埃尔金酒店则会提供用洋葱、蔬菜和鸡蛋做的现炸帕克拉，来配合他们选择的甜品，以及种类繁多的大吉岭茶——包括玛格丽特的希望（Margaret's Hope）、巴拉孙（Balasun）和普塔邦（Puttabong）——芳香四溢、香气扑鼻。

# 查谟和克什米尔的"卡瓦茶"

◆

　　印度和巴基斯坦北部的——查谟和克什米尔地区一直以来都有冲突和争端，那里风景如画，白雪覆盖着山脉，湖泊静谧，以茶文化而闻名。克什米尔人用茶开始一天的生活，下午四点钟左右，茶点又作为一顿饭供应。克什米尔人会以三种不同的方式沏茶和喝茶，卡瓦（kahwa）是最受欢迎的一种，由被称为孟买茶（bambay chai，因为以前从孟买进口而得名）的绿茶制成。它的传统做法是在茶炊中酿制，然后盛在小金属杯中，用糖或蜂蜜来增加甜味，用小豆蔻和碎杏仁调味。卡瓦是婚礼和节日的特色，也可以撒上玫瑰花瓣或藏红花食用。达拜茶（dabal chai）也是用绿茶制成的，再加糖、小豆蔻和杏仁调味，有时也会加入牛奶。

　　很受欢迎的还有舍尔茶（sheer chai），也被称为古拉比茶（gulabi）或午茶（noon chai）。在绿茶或乌龙茶中加入盐、小苏打和牛奶，就可以制成这种口感浓郁、泡沫丰富的粉红色饮料。它用小豆蔻调味，有时还会加开心果等坚果作为装饰。冬季来临时，许多售货亭都会出售这种饮料。

\* 克什米尔午茶（粉红色茶），有时也被称为古拉比茶。

　　和茶一起享用的有各种各样的扁面包，一般在面包店就能买到。比如巴基尔卡尼面包（bakirkhani），一种像囊的圆形脆面包，表面有芝麻籽；库尔查面包（kulcha），一种薄面包，撒有罂粟籽，可以把它们掰成小块，泡在茶里吃。还有一种是草虫面包（czochworu），它是洋葱圈形状的软包，下皮酥脆，顶部撒上芝麻籽或罂粟籽，趁热吃极其美味，如果涂上黄油或果酱就更诱人了。即使是很普通的面包，如沙皇面包（czot，有时也被称为 girda）和未发酵的拉瓦萨面包（lavasa），如果抹上黄油或果酱，也可以做成美味的茶点。谢尔马尔面包（sheermal，也被称为 kripp）是一种用酵母发酵的薄片面包，可以在面包上刷一点加了番红花的热牛奶，把它烤出金黄色，最后撒上芝麻籽。还有甜库尔查面包和卡塔伊面包（khatai），它们尝起来甜甜的，入口即化。

## 巴基斯坦的槟榔茶

◆

　　绿茶和红茶在整个巴基斯坦都很流行，红茶通常加牛奶和糖，最初是在印度统治时期引入并普及的。不同地区都有自己独特的饮茶方式：在卡拉奇，大量的穆哈吉尔（Muhajir）美食确保了马萨拉茶（masala chai）的流行；在旁遮普，人们更喜欢将茶和牛奶与糖一起煮沸，然后在茶店出售；俾路支省和普什图地区称他们的绿茶为卡瓦（kahwah，或 sabz choi）；而在北部的奇特拉尔和吉尔吉特地区，人们经常饮用加盐和奶油的藏式茶。巴基斯坦人喝茶时吃的小吃与印度非常相似，不仅有蛋糕和各种饼干，还有辣味的零食，例如帕克拉、咖喱角、辣土豆条，有时还有帕安（paan，一种兴奋剂），它由槟榔叶与槟榔混合制成，制作时偶尔会加入烟草。吃帕安时要咀嚼，咀嚼之后可以吐出或咽下。

　　傍晚茶在酒店和餐厅里都很常见，通常会以自助餐的形式提供一些清淡的小吃。20 世纪中叶，拉合尔是巴基斯坦茶文化最活跃的城市之一，拉合尔的朴茶屋（Pak Tea House）广受艺术和文学领域的知名人士欢迎。

## 孟加拉国的七层茶

◆

　　孟加拉国是重要的茶叶生产国，2002 年成为世界上最大的茶叶出口国之一，但如今因为国内需求增长和产量停滞，孟加拉国几乎没有出口任何茶叶。它的茶叶产业可以追溯到 1840 年，当时欧洲商人在孟加拉国的港口城市吉大港建立了茶园。19 世纪 50 年代中期，西尔赫特地区的马尔尼切拉（Malnicherra）茶园开始了商业种植，现在这个地区已经成为茶叶种植中心。

孟加拉人是饮茶民族。全国各地都有茶摊，通常会配有小吃，喝茶一般加炼乳和糖。孟加拉国有一种著名的茶饮叫七层茶，只有在斯里曼加尔城外的尼尔坎莎（Nilkantha）茶室才能找到，它的配方至今仍是秘密，我们只知道它混合了三种红茶和一种绿茶，其他几层由炼乳、肉桂、丁香等香料还有少量柠檬和少许阿魏酸（一种植物树脂）组成。

孟加拉人喜欢在喝茶的时候吃甜食。孟加拉国首都达卡与印度西孟加拉邦相邻，这里的莫伊拉人（Moira）会制作诸如圣德什（sandesh）、拉斯古拉（rosogullah）和皮塔斯（pithas）之类的甜食。这些甜食由米粉、干奶块和糖精做成，下锅油炸或蒸熟后方可食用。

# 斯里兰卡的爱心蛋糕

斯里兰卡是一个热带岛屿，距印度大陆仅 30 英里，岛上出产的茶被称为锡兰茶，是精品茶的代名词。不过直到 1869 年，咖啡一直是岛上的主要农作物，直到一种名为胡氏螺旋体的锈咖啡菌侵袭了咖啡植物，摧毁了咖啡产业。詹姆斯·泰勒（James Taylor）是一位富有冒险精神的苏格兰人，他在 1852 年来到斯里兰卡种植咖啡。1867 年，他被鲁勒勘德拉（Loolecondera）庄园的主人选中，在 19 英亩的土地上试验种茶叶。可以说这个国家茶叶生意的成功，很大程度上是因为他的开拓和坚持不懈的精神。

19 世纪 70 至 80 年代，斯里兰卡的茶产业迅速发展，英国的大公司对接管这里的众多小茶园充满兴趣。1890 年，托马斯·利顿（Thomas Lipton）买下了四家茶园。利顿是一个贫穷的爱尔兰移民的儿子，在格拉斯哥的贫民窟长大，后来成为一名成功的商人，销售包括茶叶在内的杂货。在创业初期，他以低成本将茶叶包装并直接运送到欧洲和美国，省去了中间商。他是这里第一个用色彩鲜艳的包装装茶叶的人，包装上印着广告语——"从茶园到茶壶"。

在斯里兰卡，人们会在聚会和节日时用当地的蛋糕和甜点招待客人，以尊重葡萄牙、荷兰和英国的传统（斯里兰卡先后被葡萄牙人、荷兰人和英国人殖民，这些人在斯里兰卡的饮食上都留下了自己的印记），食谱世代相传。比如用小麦粉、糖和鸡蛋制作的烘焙食品——蛋糕、蛋挞和饼干，反映了欧洲殖民文化对它的影响；而在甜食中使用椰子、大米和棕榈则折射出一种遥远的殖民前的传统。

* 圣代茶室（Sundae Tearoom）的菜单卡，20 世纪 30 年代。

爱心蛋糕（love cake）可能是斯里兰卡最受欢迎的蛋糕，它是一种传统的斯里兰卡生日蛋糕，似乎没有人知道它的名字从何而来。目前所知的是，这种蛋糕的历史可以追溯到 15 世纪，起源于葡萄牙。它的原料之一是一种蜜饯南瓜（puhul dosi），由葡萄牙蜜饯南瓜（doce de chila）经过本地改良而成。斯里兰卡人对这款外国蛋糕进行融合，保留了欧洲柠檬和蜂蜜的味道，加入了东方香料、腰果和玫瑰水。这种蛋糕又甜又腻，所以会被切成小小一块食用。在斯里兰卡，人们会用极大的热情来庆祝生日，除了爱心蛋糕，咖喱味肉饼也是聚会必备，斯里兰卡人制作这种酥皮馅饼时会加入椰奶，形成一种独特风味。另一种很受欢迎的小吃叫作马斯潘（mas paan），几乎在每家茶店都可以买到这种热气腾腾的小吃，它是用面包夹着咖喱肉制成的。跳饼（hopper）是斯里兰卡版的薄煎饼或可丽饼，是英国茶农的最爱，由米粉、椰奶、糖、盐和酵母制成，食用的时候抹上果酱。

还有用香料调味的椰子蛋糕（bolo de coco）、传统的圣诞节蛋糕（Dutch breudher）和分层蛋糕（bolo folhado），都深受荷兰和葡萄牙后裔喜爱。比比坎（bibikkan）是一种用粗面粉、米粉、糖蜜、椰肉、葡萄干和香料制成的水果蛋糕。火箭（foguete）是一种油炸糕点，里面有甜菠萝或甜瓜酱，还有腰果和葡萄干。喝茶时吃的甜品通常用大米或米粉做，有含椰肉和粗糖的焦脆又带辣味的艾斯瑞萨（athirasa），同样含椰肉和粗糖的卡尔杜多尔（kalu dodol），含蜂蜜的阿尔斯米（arsmi），以及含糖浆和黑胡椒的阿加拉（aggala），这些在乡间的下午茶时间都很受欢迎。

尽管斯里兰卡具有很长的殖民历史，但喝茶仍然是一种相对较新的体验，主要是为了迎合游客的需求。提供下午茶的地方有不错的茶水和各种各样的点心可供选择。例如，亚洲最古老的酒店之一科伦坡的加勒菲斯酒店（Galle Face Hotel）仍保留着殖民时代的旧世界魅力，这里的茶点有西式三明治、奶油司康饼和爱心蛋糕。

Chapter Six

第六章

*Tea Roads and Silk Roads*

茶马古道和丝绸之路

在唐朝，饮茶传统从中国流传到亚洲其他国家，当时正值亚洲各国间贸易兴起，茶叶成为极其重要的商品。当时主要有两条贸易路线，一条称为茶马古道，从中国西南地区出发，翻越青藏高原到达缅甸；另一条就是丝绸之路，北起赫赫有名的长安，通往整个中亚、中东和地中海地区。与丝绸之路相比，中俄茶路开辟时间较晚，始于 17 世纪下半叶，从中国经西伯利亚抵达莫斯科。

茶一般是以砖茶（将茶叶按压成砖块的形状，表面多有印花）的形式运输，在运输过程中可以将砖茶缝进牛皮里来抵御恶劣天气和长途颠簸，与松散的茶叶相比，砖茶更容易保存和携带。砖茶在当时很多地区可以作为货币流通，商路周边的很多地区都逐渐形成了喝茶的习惯，人们可以在一天中任何时间喝茶，与西方人的下午茶形式完全不同。每个地区都有自己独特的饮茶习惯，比如在中国西藏，茶叶会被不停搅拌，做成类似汤的形式；缅甸人习惯将新鲜茶叶发酵入馔，拌成沙拉做成叫勒夫（lephet）的开胃小菜；阿富汗人有自己的下午茶（chai-e-digar）和奶茶（qymaq chai）；钟爱喝茶的俄国人拥有自己举世无双的茶炊。

\* 砖茶有不同的形状和大小，一面会有装饰性的图案，另一面会在能够敲开的地方做上标记，方便人们煮茶或将其作为货币交易。

# 茶马古道

茶马古道又被称为南方丝绸之路，它不是一条单独的道路而是多条商路的统称。两条主要商路分别从云南和四川出发，经由拉萨到达尼泊尔和印度。还有一条商道从中国经缅甸到达印度、老挝和越南，以及一条从中国南方通往北京的商道。从唐宋直到 20 世纪，茶马古道沿途贸易十分繁荣，但随着马不再主要用于交通运输，新修建的道路更适合于其他更高效的交通工具，茶马古道自然而然淡出人们的视野。今天，茶马古道作为历史古迹，重新焕发了生机。

## 中国西藏的酥油茶

当年茶马古道最重要的商品当属茶叶和马匹，这是由于中国西藏地区气候恶劣、天气寒冷，不适合茶叶种植，而中国内地则需要产自西藏的战马用以南征北战，因此商人们在茶马古道上经过漫长艰辛的跋涉，将商品带到所需的地方。

据说，公元 641 年文成公主嫁给松赞干布，第一次将茶叶带到中国西藏。由于西藏地区气候恶劣，藏族人过去的饮食中几乎都是肉和奶制品，很少见到蔬菜，因此他们对于这种新的饮品表现出了极大欢迎。茶叶来到西藏后，藏族人并没有照搬汉人的饮茶习惯，而是发展出了自己独特的酥油茶，它与其说是一种茶，倒不如说是一种汤。在印度与中国西藏接壤的北部地区，还有一种类似的黄油茶称为古尔茶（gur gur cha）。

酥油茶有多种制作方法，但一般都是由砖茶做成：首先，从砖茶上取下大块茶叶，在火上烘烤杀菌，然后将茶叶放进沸水中，直到茶水变成深色，将茶水倒入木制或竹制酥油茶桶中，接着再加入牦牛奶、牦牛油和少许盐，并大力搅拌，搅拌到水油交融后，倒入茶壶中，最后倒入木制茶碗中饮用。喝茶前，要先将浮在表面的黄油吹到一边，喝完茶后，用糌粑（一般用青稞做成）蘸杯子里剩下的黄油吃。多杰仁金（Rinjing Dorje）在书里写道："我们在每天早上至少得喝三五杯酥油茶，饮茶前需要先向天空弹洒茶水作为对神灵的敬献。"

包括僧侣在内，西藏地区人人喝茶，寺庙消耗的茶量大得惊人。在僧侣们每天念经或背诵经文的功课间隙，会有专人在他们身前的矮桌上摆放茶杯。藏族人的礼节是不能让茶杯空着，一天喝上40 杯茶也是常有的事，除非他们自己喝够了，在加茶的时候用手挡住杯口。

中国西藏和不丹地区的饮茶仪式延续至今。尽管现在已经用瓷杯或玻璃杯取代了旧时的木杯，保温杯的出现也慢慢取代了过去的火盆和茶壶，但古时候的煮茶和搅茶习惯保存了下来。尽管住在喜马拉雅山麓的藏族人——尤其是年轻一代也开始接受印度风味的茶（一般会在茶水中加入牛奶和糖），但酥油茶仍然受到了广泛欢迎，尤其在庆祝场合更是不可缺少。

* 装饰精美、花样繁复的藏式茶壶，配以华丽的纯银装饰和精心制作的龙形手柄，
主要在仪式上使用，可能产自 19 世纪的克什米尔地区。

## 缅甸的发酵茶叶小吃

茶马古道中还有一条连接中国和缅甸的山道。缅甸是极少数将茶叶同时当作食物和饮料的国家之一，缅甸人习惯在喝茶时，尤其是饱餐一顿后，食用一种发酵茶叶做成的小吃——勒夫，据说有清理肠胃的功效。这种传统食物在缅甸文化中有着重要地位，甚至被编进了缅甸传统歌谣。

根据历史学家的说法，发酵茶叶的历史可以追溯到遥远的蒲甘王朝时期（1044—1297），拥有东亚血统的蒲甘人于 9 世纪初在伊洛瓦底江上游山谷定居下来。自古以来，蒲甘人会邀请村里其他人参加各种家里的红白喜事。记者苏·阿诺德（Sue Arnold）回忆她的缅甸母亲在给客人们寄送聚会邀请函时，会将一片勒夫包裹在茉莉花叶中，然后再用丁香花包好，随函附送。蒲甘的民间传统是，当准新郎向女孩求婚时，要往女孩家送一碗腌制好的勒夫，而女孩要拒绝他的赠与。在婚礼和葬礼上，勒夫不只是一道佳肴，也是活动的催化剂。

**勒夫的做法是：**

挑选新鲜茶叶蒸好后，将茶叶紧紧按压进一个陶制容器或是大竹节中，然后将容器储存在地下，最好选择在土壤湿润、温度适宜的河床上。到时间后，往茶叶中加入少许盐和芝麻油搅拌至茶叶变软。通常，勒夫和很多种其他食物一起被装在特制的漆盒中（有一些漆盒工艺十分精美，专供宫廷使用），漆盒里分成很多小格子，格子里可以放置勒夫、干虾、炸蒜瓣、烤芝麻、油炸脆蚕豆、烤花生、干豌豆和盐。

＊ 缅甸现代漆盒，勒夫一般放在中间一格，周围则是各种其他传统小吃。

吃勒夫的时候，一般用三根手指拈起一小块，伴着其他两三种食物一起吃，食用后先将手指擦干净，啜上一口茶水，最后端上清水盥洗手指。有时候，蒲甘人会将腌茶叶和其他小吃混在一起，做成一道叫作勒夫索克（lephet thoke）的沙拉。这种沙拉并没有固定做法，不同地区的人们会用不同的搭配：有时会加入番茄或切碎的包心菜叶；有时会加入切碎的木瓜叶、煮鸡蛋或煮玉米；还有时候会不加盐，而是用鱼露或芝麻油、花生油，并加上一点柠檬汁、辣椒来调味；也有一些人习惯用沙拉搭配白米饭食用。

勒夫索克沙拉尤其受到女性欢迎，经常出现在缅甸的茶店菜单上。缅甸的茶店里通常都摆放着矮桌和塑料板凳，在过去，最常见到的是男人们在此讨论政治和社会新闻，如今也出现了不少女性的身影。茶店里提供绿茶、红茶和甜茶（一种加入炼乳的浓茶），人们可以选择微甜、微甜微浓、正常甜正常浓和加甜加浓等等口味。除了茶之外，人们也可以在茶店里买到各种点心，例如中国小笼包、煎饺、印度面包、抛饼、咖喱角，还有一种叫作鱼汤粉（mohinga）的缅甸传统食物。

### 越南的红茶店

今天的越南，咖啡更有名，但饮茶在越南也有着悠久的历史，是越南文化中重要的一部分。尽管喝茶的习惯由来已久，但越南的茶叶曾一直依靠外国进口，直到 19 世纪 80 年代，法国殖民者才在越南建起了第一个茶叶种植园。

越南人喜欢口味清淡的茶叶，不加其他调味料的绿茶，或者荷花茶（将绿茶茶叶包在荷花内）、茉莉花茶和菊花茶等花茶都是受欢迎的。在越南，尽管饮茶的礼仪没有上升到像在日本一样宗教式的高度，但学会正确敬茶和喝茶也有着重要的社交意义。在各种节庆场合，敬茶都是一项重要的仪式。在订婚仪式上，新娘要向新郎父母敬茶并将其他几种食物包好装在一个精美的袋子里，放在圆形漆盒上作为礼物献给他们。同样的敬茶仪式也发生在葬礼上，人们相信，喝茶可以作为团结亲友、慰藉逝者的一种媒介。敬茶也常见于商业活动的开幕式。总之，喝茶构成了越南人日常生活的一部分。越南茶室的风格多种多样，包括中式、日式和传统越南茶室，为了能够一次性招待大批客人，很多茶室用了典型的南亚风格家具——巨大的桌子和大量的椅子。茶叶的选择从传统绿茶到花茶、草药茶和各种进口茶叶。除此之外，还有很多路边的临时茶馆，一般坐落在车站、火车站、学校和政府大楼附近。在这里，人们不仅可以喝到各种热茶和凉茶，也可以买到各种甜点。

另一种被称为红茶店（quán hong trà）的茶店也开始在越南各大城市出现，主要提供用花瓣、糖、蜂蜜、牛奶和冰块调制的茶叶鸡尾酒，里面的茶叶会先用搅拌机搅碎至表面出现一层泡沫。年轻人也很喜欢在茶店和朋友见面，一起嗑瓜子喝柠檬茶（trà chanh），现在"柠檬茶"在年轻人的俚语中，直接就代表了"一起出去玩"。

# 丝绸之路和中亚

丝绸之路指的是跨越沙漠和山岭，将中国和远东、中亚、印度、中东、地中海地区交织在一起的商贸道路。正如它的名字所暗示的，丝绸之路上最重要的商品是丝绸，其他还有玉石、青金石、牲口、蔬菜水果、香料和茶叶，与商品一起交换的还有各地的饮食传统，其中就包括饮茶传统。

丝绸之路东起长安，无数载满珍宝的车队从这里踏上旅途，货物一般放在被称为沙漠之舟的双峰骆驼的驼峰之间，途中各处立着商队驿站，为疲劳的商人和旅人提供歇脚和喝茶放松的场所。最后，商队会先抵达中国西端的主要城市喀什，再从喀什前往克什米尔、阿富汗、撒马尔罕、巴格达和君士坦丁堡（如今的伊斯坦布尔）。

有趣的是，阿富汗北部的古代城市巴尔赫似乎成为茶叶的终点，再往西的中亚其他地区并未受到茶叶的影响，在伊朗和中东其他地方，咖啡的受欢迎程度比茶高得多，直到很久之后，茶叶才经由其他的路径来到了人们的生活中。丝绸之路沿途地区的人们用茶来招待客人，洽谈生意。有些地区的人们在喝茶时会将方糖放在舌底，一边啜茶，一边吮吸方糖的甜味。

\* 现代旅游纪念品，四名乌兹别克男性在茶店喝着茶、吃着面包和苹果。
\* 20 世纪 90 年代购于乌兹别克斯坦的费尔干纳。

## 茶摊

在乌兹别克斯坦，茶摊是深受男人们欢迎的放松和谈论政治场所，只有男性可以进入，女性只能在家喝茶。茶水一般装在一个大茶炊中，从茶炊倒进每个人的茶壶，再从茶壶倒进中式小瓷杯或玻璃杯中。多数茶杯和茶碗进口自俄罗斯加德纳工厂，这家陶瓷工厂位于莫斯科附近的韦比尔基，由英国人弗朗西斯·加德纳（Francis Gardner）于 1776 年创办。

中国的喀什地区是丝绸之路上的重要贸易中转站，商人们会在此地稍事停留，补充给养，相互贸易。喀什位于维吾尔族地区的心脏地带。维吾尔人的祖先是古突厥人，很久以前就在丝绸之路沿途尤其是今天的新疆维吾尔自治区定居下来。维吾尔人也饮茶，以绿茶和红茶为主，但喝茶方式与中国其他地区不同，他们会将茶水装在大碗中，然后再往碗里加入奶酪（或酸奶）和黄油。红茶里一般会加入各种香料调味，常见的香料有小豆蔻和肉桂，有时也会见到藏红花和玫瑰花瓣。住在费尔干纳盆地的居民偏爱绿茶，在正式用餐前，他们会用绿茶和各种干果小吃招待客人，有时还有别具特色的新疆面包——馕。

从 1890 年到 1918 年，麦卡特尼夫人（Lady Macartney）作为当时英国领事的妻子在此地居住，她在《英国淑女的中国西域见闻》（*An English Lady in Chinese Turkestan*，1931）中，回忆了在此地奇妙的生活经历。她这样写喀什的茶摊（chai khana）：

> 当然，目之所及几乎到处都是茶摊，人们一边听着梦幻般的当地音乐，一边站着喝茶，现场演奏的乐队中至少有一两件长颈曼陀铃形乐器，发出轻盈的乐声，用一只小鼓伴奏。有时候，茶摊会有人说书，我猜，这大概就是人们最早听到《一千零一夜》故事的地方吧。

阿富汗的茶摊也别具特色，阿富汗坐落在中亚的心脏地带，是丝绸之路多条道路的交汇点。茶摊在全国各地随处可见，风尘仆仆的旅人可以在茶摊买到小吃，也可以从当地人口中打探消息。不同茶摊的消费和服务水平大不相同，一些茶摊简单到只提供红茶或绿茶中的一种，另一些则大到店内可以摆放桌椅（而非传统的地毯和靠垫）供客人坐下喝茶。有些茶摊十分吵闹，不停播放着阿富汗或印度的音乐，茶摊一般会为客人提供单人用的茶壶、小玻璃杯（或小茶碗）以及用来装茶叶渣的小碗。上茶之后，客人首先用热茶冲洗茶碗，然后按照喜好在茶里加糖（需另外收钱），最初的几杯茶很甜，但随着茶杯里的茶叶越来越多，最后会变成苦茶。一般茶铺里会有糖衣杏仁一类的甜点，稍微大一些的茶铺还会有炒鸡蛋、烤肉、手抓饭和汤泡馕一类更能填饱肚子的食物。

## 敬客茶

阿富汗人在家饮茶时一般不加牛奶只加糖，有时还会加小豆蔻调味。喝茶贯穿了阿富汗人的一天——早餐时、午餐后、晚餐后，以及阿富汗人自己的下午茶时间（chai-e-digar）。对富人来说，下午茶可能会是比较隆重的场合，特殊日子或有客人来访尤其如此。

招待客人喝茶是很常见的，水杯可能是一种叫作伊斯塔汗（istakhan）的小玻璃杯，或是一种与中国茶杯类似的叫作皮亚来（piala）的无柄茶碗，大城市中更常见的是西式茶杯。敬客人的第一杯茶中一般会加入大量的糖——糖越多，表示对客人越尊敬，这杯茶叫作希琳茶（chai shireen），第二杯茶则完全不加糖，叫作塔克茶（chai talkh）。

主人会不停往客人的杯子里加茶，客人在喝够了之后，要将杯子翻转过来以向主人示意。有时候，主人也会为客人准备单独的茶壶，这样客人就可以按照自己的喜好往杯子里加茶了，旁边会放一只用来装茶渣的小碗。

除了茶之外，主人也会用各类甜咸点心招待客人，传统的点心有糖衣杏仁、糖衣开心果或糖衣鹰嘴豆，它们统称为糖衣坚果（Noql），其中以糖衣杏仁最受欢迎。有时还会有坚果什锦，例如核桃、杏仁和葡萄干。因为绝大多数人家里没有烤箱，蛋糕和饼干并不常见，大多数都是在集市上买到的，包括入口即化的阿卜杜丹（ab-e-dandon）饼干。但也有一些家庭烘焙饼干会出现在特殊日子的餐桌上，例如大象耳朵饼干等等。另一种很受欢迎的饼干是潘杰雷饼干（kulchae-panjerei），形状有点像油条，外面包裹着一层薄薄的糖衣。

当客人们在喝茶吃点心的时候，家里的妇女和女孩们正在忙碌地准备食物。下午茶点心中，有一种以土豆泥加葱做馅的炸饼，名为布拉尼（boulani）；另一些受欢迎的下午茶点心有帕克拉和咖喱角。烤肉串（kebab）也很常见，有叙利亚烤肉串（shami kebab，由肉末、土豆、洋葱和去皮豌豆做成的萨拉米形状的炸鱼圆）和卡科里烤肉串（kebab-e-daygi，将羊肉、洋葱、酸奶和香料在平底锅里慢火炒至羊肉软烂多汁）。咸味点心一般会搭配自制酸辣酱，以及刚烤好的馕食用，馕上可以撒上葱、柠檬片和生菜。

客人们会在古尔邦节或开斋节以及新年这样的特殊日子来家里喝茶。招待客人的传统食物有大米饼干（kulcha-e-naurozee）、巴拉瓦饼（baklava）、油炸千层面包（qatlama）、椰枣脆饼（khajoor，油炸点心，有点像甜甜圈）。庆祝新生儿诞生的茶一般会搭配上乳脂软糖（sheer payra，一种用牛奶和糖做成的味道浓郁的甜点），庆祝婴儿出生14天时的传统则是吃罗特面包（roht，一种甜味扁圆面包）。订婚典礼一般是在下午茶时间举办，典礼上有各种甜点、饼干，有时会有不常见到的"丝绸烤肉串"（abrayshum kebab，搅拌鸡蛋至下热油炸时形成丝绸般的丝线，卷成卷，撒上糖浆和碾碎的开心果）。

与特殊场合搭配的茶是凯马格茶（qymaq chai），凯马格有点像是中东地区的乳脂（kaymak）。凯马格茶是在绿茶中加入小苏打泡制而成，随着气泡的产生，茶水会变成暗红色，然后加入牛奶和糖，茶水会变成粉紫色，茶味十分浓厚，最后加入的凯马格会浮在茶水表面。

阿富汗末代国王穆罕默德·查希尔沙（Zahir Shah）常常会在宫殿里用下午茶招待贵宾。尽管查希尔沙锦衣玉食，但是他的品位很接地气。莱拉·诺尔（Laila Noor）回忆起自己和查希尔沙的长女比尔基斯公主（Princess Bilqis）一起喝下午茶的情景，第一杯是浓郁的凯马格茶，接着是烤肉串、波拉尼、印度奶酪（一种加薄荷的白色咸奶酪）以及撒上酸辣酱的各种小吃和馕，紧接着是纯海绵蛋糕、罗特面包、咸黄油饼干（kulcha namaki）和用玉米面做成的贾瓦里饼干（kulcha-e-jawari）等，然后是奶油卷（撒有糖霜和开心果碎的奶油泡芙）和更多的茶水。

AFGHANISTAN

＊ 阿富汗茶铺明信片。茶铺架子上摆着大茶炊和数不清的茶壶。

＊ 阿富汗的黄铜茶炊（产自俄罗斯），加德纳茶壶，装满茶的瓷茶杯，一碟甜杏仁。

# 中俄茶路

◆

1689 年，中俄签订《尼布楚条约》，中俄八千里茶路——有时被称为大茶路（Great Tea Route）或西伯利亚路（Siberian Route）——由此而始。茶路由中国北方的张家口开始，穿过蒙古和戈壁沙漠，一路向西穿过西伯利亚针叶林，最终到达沙俄帝国的各主要城市。这段旅途漫长艰苦，通常需要花上一年多的时间，但仍迅速成为主要的贸易路线，骆驼商队给中国带来了皮毛和其他俄国商品，又从中国带走了丝绸、药草（尤其是大黄）和茶叶。

据说在 1616 年，哥萨克人秋梅涅茨（Tyumenets）结束了对蒙古的外交出访后，将第一批中国茶叶带到了俄国。他这样描述自己的出访："喝到了加黄油的热牛奶，里面还要加上一种奇怪的叶子。"两年后，中国使节前往莫斯科，送给沙俄皇室几箱茶叶。1638 年，当时的蒙古可汗通过俄国大使瓦西里·斯塔科夫（Vassily Starkov）向当时的沙皇米哈伊尔·费多罗维奇（Mikhail Fedorovich）赠送了两百包茶叶。自此以后，这种饮料在沙俄皇室格外受欢迎，但当时的大多数俄国人对中国和茶叶仍一无所知。

## 俄国茶炊的出现

从中国出口到俄国的茶叶逐渐增加，到了 18 世纪，尤其是叶卡捷琳娜二世在位期间（1763—1796），茶叶在俄国贵族中间十分流行。直到 19 世纪，茶才真正在普罗大众中间流行开来。俄国人发展了自己的饮茶传统，其中最重要的习惯之一就是茶炊的出现和使用。

\* 装在玻璃杯中的俄国茶，茶杯放在金属茶托上，旁边放着配茶的糖块和巧克力。

直到今天，俄国人仍然会让孩子们将茶倒在茶碟上饮用，这样不容易烫伤嘴唇。餐厅或是咖啡厅的茶一般装在玻璃杯中，但家里还是习惯用茶杯喝茶。各种公开演出活动也会给观众提供茶水。1896 年，芭蕾舞演员塔玛拉·卡尔萨维纳（Tamara Karsavina）在回忆一次演出时写道：

> 在寒冷的圣彼得堡日，剧院用茶来招待大家。靠舞台入口的门边摆放着巨
> 大的茶炊，还冒着热气……演出中场休息时，休息室会为大家准备茶和点心，
> 侍者穿着绣有帝国鹰的红色晚会制服在休息室穿梭。

俄国人钟爱红茶，最好的红茶生长在格鲁吉亚和阿塞拜疆的高加索山脉上。俄国出售的茶叶大多是散装或袋装，偶尔也会有压片茶或砖茶。饮茶贯穿了俄国人的一天，早起第一件事就是一边喝茶，一边吃黄油面包（有时也会有奶酪）；晚餐之后又以傍晚茶来为一天收尾。

俄国人在喝茶时一般会配上一片柠檬（有时是一片苹果），一般不加奶，但会用糖来增加甜度。据俄国人说，糖的甜味更能衬托出茶的味道。有些人还会在喝茶时将糖块含在嘴里，啜茶时糖块会融化在茶水里。普希金这样写道："销魂的味道就是满满一杯红茶和含在嘴里的那块糖。"俄国人爱甜，这也意味着喝茶无甜不欢，果酱是最低配置。俄国的果酱一般非常浓稠，里面还能见到大块的果肉，装在叫作罗泽基（rozetki）的小小水晶盘子里，吃的时候要么直接用勺子吃，要么将果酱加入茶水里。

喝茶时通常会配上饼干，俄罗斯茶饼干外层裹有果酱，上面点缀有酥皮和坚果；苏沃罗夫饼干（Souvorov）以著名的俄罗斯军事将领苏沃罗夫命名，两片饼干中间加上厚厚的果酱后粘在一起，外面裹糖霜；其他还有叫作杏仁指环和榛子面包干的酥脆饼干。糕点则有一种叫作小号角（rogaliki）的以糖和坚果作为馅料的新月形核桃面包。小圆面包、蛋糕和蛋挞也是下午茶时颇受欢迎的食物，诸如葡萄干小圆面包、布勃利克面包（bubliki，一种类似贝果的甜面包圈）、柠檬蛋糕、苹果蛋糕、瓦特鲁斯卡（vatrushki，一种凝乳奶酪馅料面包）、杏挞、罂粟籽奶油蛋糕以及俄国焦糖奶油蛋糕；对于嗜糖如命的俄国人来说，帕斯蒂拉饼干（pastila，带有苹果微酸味的酥皮饼干）和杏仁焦糖饼干也是下午茶时的不错选择。

俄国人也爱外出喝茶。按照食物学家达拉·戈德斯坦（Darra Goldstein）的说法，俄国的多数主要城市都有茶室，其中大多起名直截了当，不是直接叫萨摩瓦就是俄罗斯茶。茶室的装修风格一般比较老派，多见色彩鲜艳的天花板和刺绣桌布。通常一家茶室会有一两个巨大的萨摩瓦茶炊，有时甚至高达几英尺。茶炊顶上放着圆形的茶壶套，像是俄罗斯农妇让人信任的圆脸，而真正圆润而成熟的俄罗斯女人站在萨摩瓦后面为客人们派茶。客人们在拿到茶水后，可以从茶几上摆放的众多甜点中选择自己喜欢的。

\* 俄罗斯茶炊，19 世纪，来自阿富汗。

\* 帆布油画《围坐茶桌边》，康斯坦丁·科罗文（Konstantin Korovin）绘，1888 年。

\* 画中是一家人或是朋友围坐在茶桌边，享受着谈天说地的时间。茶桌上摆着萨摩瓦茶炊、玻璃茶杯、果酱和水果，以及俄国人用来啜茶的茶碟。

* 明信片，1906 年。
* 一群俄罗斯农民在喝下午茶，其中两位妇女正从茶碟里喝茶，一位年轻男孩演奏着手风琴。

* 帆布油画《喝茶的商人妻子》，鲍里斯·库斯托迪耶夫（Boris Koustodiev）绘，1918 年。
* 画中是一位穿着华丽的商人妻子正享用着丰盛的水果、罂粟籽蛋糕卷和库利奇面包（kulich，一种填有水果干和杏仁的酵母蛋糕）。闪闪发光的萨摩瓦茶炊和精致的瓷制茶具都彰显出这个家庭的财富。她刚将茶水倒入茶碟里，正在等茶水凉到可以入口的温度。

※延伸阅读：萨摩瓦茶炊

人们一般认为萨摩瓦（samovar）茶炊是俄罗斯特有的，但实际上在各个中亚国家——伊朗、阿富汗、克什米尔、土耳其以及其他斯拉夫国家都能见到。萨摩瓦的起源颇有争议，有人认为起源于东亚，由当时中国和朝鲜的鼎演化而来；也有人认为萨摩瓦的祖先是一种来自中国的、放在黄铜煤炉上加热的茶壶，抑或是起源于外形上颇为近似的蒙古火锅。

萨摩瓦在俄语中的含义是"自煮器"，它是一种便于携带的加热器，一般用黄铜制作（也会有银质甚至金质的）。据说叶卡捷琳娜大帝在冬天从圣彼得堡前往莫斯科所乘坐的三驾马车上就有一个巨大的银质萨摩瓦，其源源不断产生的热水为裹在黑貂和狐狸皮里的女皇保暖。但萨摩瓦并不只是为富人们专有，在最底层的农民家中也有萨摩瓦的身影。今天的俄罗斯仍可见到萨摩瓦，但多数不再像最初一样烧煤炭，而是用电发热。西伯利亚大铁路的火车和火车站也有为客人泡茶准备的热水，装在叫作基普贾托克（kipjatok）的俄式大茶壶中。热爱喝茶的俄罗斯人深深知道萨摩瓦的重要性，到了18世纪晚期，萨摩瓦几乎成为家家户户必不可少的器物。俄罗斯人会让茶炊一直加热着，这样客人随时都能喝上一杯热茶。很多俄国作家——如陀思妥耶夫斯基、托尔斯泰、高尔基都曾经写过萨摩瓦带给他们的温暖体验。

萨摩瓦其实并不直接用来煮茶，而只是将水加热，其中间有一根管道，可以放入松果或木炭。水煮沸后，萨摩瓦被移到桌上，泡茶是在一个小茶壶中完成的，泡得浓浓的茶水可以放在萨摩瓦顶部保温，等到喝茶的时候，从茶壶向茶杯或玻璃杯中倒入少量浓茶，然后拧开萨摩瓦华丽的水龙头，用热水将浓茶稀释。通过这种方法，人们就可以根据各自的口味来调整茶的浓淡了。

萨摩瓦茶炊是俄罗斯人社交生活中不可缺少的一部分，在聚会上，茶炊一般会放在女主人旁边的桌子上，这样女主人就可以为客人们倒茶，男客喝茶用的是玻璃杯，女客则用瓷杯。玻璃杯套在带有美丽镂空雕刻的金属茶杯架里，保护客人们的手不会被热茶烫伤。贵族家庭会有自己家族专属的茶杯架，有时甚至是纯金打造或镶嵌宝石的。

## ❧伊朗、土耳其、中东的茶饮

萨摩瓦和饮茶的习惯逐渐传到了伊朗、土耳其和中东。到了19世纪初，上层阶级开始喝茶，但对于普通百姓来说，茶还是只有招待贵客时才能拿出来的奢侈品。直到20世纪，喝茶才开始广泛流行。在伊朗，当时的政府怀疑咖啡厅是导致人们堕落和讨论政治异议的培养皿，在20年代，当时的沙阿礼萨汗开始打压咖啡馆，并培养人民喝茶的习惯。他鼓励伊朗发展茶叶种植，从中国进口新的茶叶品种，还从中国引进了大约50个茶农家庭到伊朗种植茶叶。他的策略大获成功，没过多久，咖啡的地位就大不如前，茶则成为人们最喜欢的饮品。

人们不仅早餐前喝茶、餐间喝茶、餐后喝茶，甚至到了夜晚，睡觉前最后一件事也是喝茶，集市、商店和写字楼里都有茶水出售，谈生意时没有茶简直就是一件不可想象的事。伊朗人喝茶用的是一种微型茶杯，一般不加糖奶，但有些人会在喝茶时在嘴里含糖块。代替糖的是各种甜点、糕点、糖衣杏仁、水果干或者果味糖浆。伊朗人用茶招待远道而来的客人，在一些正式的欢庆场合，还会有加入肉桂或是玫瑰花瓣的调味茶。

　　土耳其人对茶也很钟爱。据说，茶叶早在12世纪就已经来到了安纳托利亚半岛，茶第一次在土耳其的文学作品中出现是1631年，著名的奥斯曼土耳其游记作家爱维亚·瑟勒比（Evliya Çelebi）曾提到在伊斯坦布尔海关办事处的用人们会为到访的官员提供也门咖啡、兰茎粉和茶。茶水真正成为奥斯曼土耳其人生活的一部分要到19世纪。尽管当时的苏丹阿卜杜勒·哈米德二世（1876—1909）本人是一个咖啡重度上瘾者，却对茶表现出了浓厚兴趣，并意识到了茶叶对于经济的重要性。土耳其从俄国进口了大量的茶叶种子和茶树苗，也因此茶叶在土耳其被叫作莫斯科茶叶。茶树种植的过程经过多次起起落落后，终于帮助土耳其人实现了茶叶自由。绝大多数茶叶产自黑海沿岸的里泽省。萨摩瓦茶炊也从俄国来到土耳其，直到今天，土耳其的很多茶室和茶会花园，甚至土耳其人家中还在用萨摩瓦喝茶。

\* 帆布油画《萨摩瓦边的女人》，伊朗艺术家伊斯玛尔·贾拉伊尔（Isma'il Jalayir）绘，1860—1875年。

\* 画中是一群后宫女子，一边弹奏乐曲，一边泡茶。地毯上摆放着各种新鲜水果，以及泡茶必需的茶炊和茶壶，旁边还有一个装着糖块或是糖衣杏仁的碗。

\* 精美的伊朗茶杯和一碗糖衣杏仁

\* 装在郁金香玻璃杯中的土耳其茶，点心是甜腻浓郁的土耳其巴拉瓦饼（baklava）。

如果家里没有萨摩瓦，就用双层子母壶（çaydanlik）作为茶炊。泡茶时，大茶壶用来煮水，小茶壶用来放茶叶，水在大茶壶煮沸后，再倒入小茶壶中，然后将小茶壶放在大茶壶上继续煮，可以根据口味调整茶的浓淡。对于大多数土耳其人来说，最完美的茶应当是色泽红艳透明的浓茶。喝的时候，将少许茶倒入郁金香造型的玻璃杯中（有时候也可能是瓷茶杯），然后用大茶壶里的水将浓茶冲淡至个人喜欢的口味。在喝茶的时候，为了避免手指被烫伤，一般拿着郁金香杯的杯沿。土耳其人喝茶时喜欢加糖，有时也会加一片柠檬，但从不加牛奶，茶客们喜欢去那种萨摩瓦中的热水永远沸腾的茶馆。伊斯坦布尔有许多地方可以供人们一边啜茶，一边欣赏博斯普鲁斯海峡和马尔马拉海的壮丽景色。略显遗憾的是，很多户外的喝茶地点并不提供点心。

家里的下午茶少不了各种甜咸点心，咸味的有叫作塞尔维亚大面包（pogača）的馅饼（馅料是奶酪和肉）、奶酪卷（kaşar peynirli çorek）、芝麻孜然饼干棒（susamlı çörekotlu çubuk）；甜味的有榛子酸奶蛋糕（findınklı kek）、杏肉饼干（marmelatlı mecidiye）、苦杏仁饼干（bademli kurabiye）和曲奇（kurabiye）；有时还会有其他甜点，例如巴拉瓦饼、土耳其软糖（lokum）和碎屑小麦饼（kadayif）。

# 07

Chapter Seven

第七章

✣

# China, Japan, Korea

## 中国, 日本, 韩国

&#9749;

  中国、日本、韩国都有着独特的饮茶习俗和传统。在中国，关于茶叶和饮茶的故事可以追溯到数千年前，公共茶馆也早在唐朝就已经出现了，随后粤语地区又发展出了饮茶和吃点心的习俗，而台湾地区的"珍珠奶茶"潮流席卷了全球。日本发展出来极为高雅的茶道文化，并将与之相配的那一餐叫作茶怀石料理。韩国也有自己的饮茶仪式和下午茶惯例。

# 中国：茶文化的发源地

中国的茶文化演化成了独特的饮茶和吃点心习俗，茶装在小小的瓷杯中，人们喝茶时会配上一口大小的点心。点心在译成英语时有几个不同版本，有人译为"轻点心灵"（touch the heart）或"点亮心灵"（light of the heart），也有人译为"心灵温暖"（heart warmers）或者直译为"一点一心"（dot heart），诗意的翻译是"内心喜悦"（heart's delight），表明这是一种能够同时抚慰身体和心灵的美好事物。吃点心和饮茶是紧紧联系在一起的，有时候甚至可以互相指代。这种独特的风俗是如何开始的呢？

按照神话传说，中国人喝茶的习俗可以追溯到上古时代"三皇"之一的神农氏。据说，当神农氏烧水的时候，茶树上的叶子恰好飘落到了水壶中，他尝过这种饮品后觉得十分爽口，因此宣布"茶能够带给人身体上的活力，心灵上的满足，以及坚忍不拔的意志"。

四川很可能是中国最早种植茶叶以及最早开始喝茶的地方。随着朝代更迭，人们的喝茶方式也在不断变化。最初，人们只是将新鲜的茶叶放入滚水中冲泡，后来会把经过熏蒸后的茶叶压缩成砖茶。

到了公元 8 世纪，中国人对于喝茶的热情日渐高涨，茶叶贸易的重要性日益突出，茶商委托诗人兼学者陆羽写了中国历史上第一本与茶有关的论著——《茶经》。《茶经》不仅包含如何制茶、如何使用工具、如何选择水以及如何喝茶一类的实用信息，也包含了对不同形状茶叶的诗意描述——"如胡人靴者蹙缩然，犎牛臆者廉檐然"（有的像胡人的靴子，皮革皱缩着；有的像封牛的胸部，有细微的褶痕），以及煮茶时水的形态——"其沸如鱼目，微有声为一沸；缘边如涌泉连珠为二沸，腾波鼓浪为三沸"。

此后出现了更高品质的茶叶，贵族、士人开始习惯喝茶，也是在这个时期，开始出现了茶馆以及饮茶和吃点心的文化。

## ❧ 点心文化

茶馆的兴起伴随着唐朝丝绸之路的兴盛，因为劳累的旅人能在那里放松休息。长安是丝绸之路的东方起点，载满丝绸、宝石和茶叶等珍贵商品的商队正是从这里出发踏上了丝绸之路。

点心文化的发展经过了好几个世纪，中国的茶馆原本并不提供点心，而且人们早些时候大多认为喝茶时不应该吃其他食物，不然容易发胖。但随后，喝茶能够帮助消化成为普遍共识，茶馆也开始搭售点心。有些人认为，茶馆供应点心的想法最早源自一位掌柜，有一次她为顾客准备了点心，没想到受到了客人们的追捧。她的竞争对手见到这个情形之后也开始制作更为美味的点心，希望吸引更多顾客。

茶点小吃最早出现在有关长安的记载中：苏姓人家在长安某街角售卖云吞；长安东西二市里有

售卖酥脆香甜的芝麻糕；庾姓人家做"白莹如玉"的粽子；还有其他各类糕点等等。长安很多角落都能见到叫卖炸糕或蒸糕的小贩；烧饼也是一种十分常见的小吃，有时候会在上面撒上烤芝麻。喝茶的同时吃小吃的习惯就形成于这一时期。

到了南宋，朝廷迁至杭州，这一时期中国的茶文化完全成熟。小吃的种类变得更加丰富，菜单上出现了各种馅的包子、春卷、烧饼和月饼。很多茶馆逐渐兼具艺术交流、社会交往和讨论政治的功能。墙上装饰着字画的茶馆对所有人敞开大门，无论你是工匠还是读书人，都可以在茶馆获得身心放松。杭州的茶馆充满书卷气，而四川成都的茶馆则是以说书、戏曲和快板一类的民间艺术著称。有些茶馆以戏班子出名，还有一些则以为客人提供风月服务而为人所知。直到20世纪40年代，茶馆一直是四川人民社交生活的主要场所。战争时期，一些地下工作者经常光顾茶馆，通过移动茶杯来给其他人留暗号。

\* 中国婚礼上的茶水

在1949年以后，由于人们开始忙于工作和建设，茶馆生意日渐衰败。从20世纪70年代后期开始，一部分传统文化逐渐复苏，茶馆又迎来了一个春天，尽管与之前的茶馆相比已经大相径庭。今天的茶馆变得更加现代，重点也发生了转移。

\* 上海湖心亭茶楼，坐落于以九曲桥闻名的豫园内。

\* 这座茶楼是上海最古老的茶楼，吸引了世界各地的政要来此喝茶，其中包括英国女王伊丽莎白二世、美国前总统比尔·克林顿等人。很多有名的公众人物到此参观，不仅是为了喝一杯好茶，更是为了感受历史。

### 喝早茶

　　尽管中国各个省份的人都爱喝茶，但广东和香港的饮茶文化更为出名。在那里，配茶的点心和茶水本身同样重要。第一批提供点心的茶楼于 19 世纪 40 年代出现在香港，但真正流行起来是在 1897 年英国政府废除香港华人的宵禁制度以后。20 世纪 20 至 40 年代，香港的大街小巷出现了各色茶楼，这些茶楼为香港二战后的经济复苏起到了举足轻重的社会作用。对于那些居住环境逼仄，没有独立厨房的香港家庭来说，茶楼为他们提供了一个便宜便利的用餐场所。

　　香港的很多茶楼早上五点就会开门，方便刚刚结束夜班的人打包带走，准备去上班的人也可以在这里买到早餐。男人们有可能早早来到茶楼，点上"一壶茶加两屉点心"，谈生意到中午。但通常来说，茶楼最忙碌的时间是从早上十一点到下午两点的"喝早茶"时间。工人、生意人、家庭主妇和学生们都有可能上茶楼迅速吃点儿点心或悠闲地吃一顿午餐。到了星期天，全家人或是几个朋友会在午餐时间到大饭店饮茶，所有人围坐在一张大圆桌边，周围挤挤攘攘。到了 19 世纪，随着广东的崛起和香港作为国际贸易港口的地位增强，这里发展出了类似商场的多层茶楼，也叫作"皇宫大酒楼"。这些地方十分嘈杂，服务生多是年轻女孩，她们推着摆满不同点心的推车在走道里来来回回，点心还腾腾冒着热气，种类十分丰富，以蒸点和炸点为主，口味也有甜有咸。知名厨师兼美食作家谭荣辉这样描述一顿典型的饮茶情形：

> 饮茶惯例是一边喝茶一边吃点心。在茶楼这种嘈杂、轻松随意的场所里，观察人们如何交流是一件趣事。亲朋好友坐在一起，服务员拿出茶水单让客人选择想要喝哪种茶。中国人五千年的茶文化使得人们对茶有一种近于崇高的感情，想选其他饮料是没得选的。人们综合口味、浓度和香味，选择铁观音、龙井、白牡丹或其他无数种茶叶中喜爱的一种。

\* 在广东东莞的一家茶楼里，服务员正推着摆满点心的餐车供客人选择。

> 选好茶之后，选点心也有一系列特别的流程。服务员推出装满各色点心的餐车，向食客们喊出餐车上点心的名字，客人若有需要，就指向他们喜欢的点心，由服务员把点心摆到桌上。这种挑选食物的方式十分轻松，不慌不忙，毕竟人们到此的目的是交流。有趣的是，由于店内吵闹，每个人都不得不用最大的声音说话。结账是在吃饱喝足后，服务员以她惊人的记忆力准确回忆出每一道上过的点心，初看几乎像魔法一样不可思议，其中的诀窍在于她们能认出每一个空盘，你要是想偷偷把盘子藏起来，是不可能逃过她们锐利的眼神。

如今，这种餐车变得少见了，大多数情况下，客人们从菜单上勾选想要的点心，茶楼做好后端给客人。每份点心的分量通常比较小，每盘一般是三到四块，这就方便了和他人分享，每个人都可以尝到很多种类。

厨师们需要花很长时间才能学会做点心的技术，很多制作工艺相当复杂耗时，需要厨师拥有十分灵活的手指。点心的种类多到数不清，一家茶楼的菜单上就可能出现好几十种点心的名字。用不同原材料做出的新型点心也层出不穷。以下列出的只是其中的一小部分：

蒸点一般形状优美，装在小小的竹制蒸屉中。蒸点中最有名的一种叫作烧卖，这是一种顶端开口的面点，皮薄馅大，馅料一般是猪肉、虾肉或者两者兼有，再加上少量切碎的笋、蘑菇或葱一类的蔬菜。虾饺的饺皮中加入了小麦淀粉和玉米淀粉，使它呈现出透明的颜色。虾饺一般做成新月的形状，在一侧捏出精致的褶边（因为这个原因，也叫它虾仁小帽）。鸡包仔是一种以鸡肉和广东腊肠作为主要馅料的包子，它是大号包子中的一种，源于中国北方，特点是厚厚的皮和口感厚重的馅儿。广东包最早在广州茶楼出售，之后才到了香港。传说中，包子诞生于将近 1800 年前的三国时期，是诸葛亮发明的。诸葛亮和他的军队到了一条湍急的河流边，唯一去到对岸的方法是向河神进贡 49 颗人头。诸葛亮不想牺牲士兵，于是让人往做成人头大小的面点里加入肉馅，蒸好后进贡给河神，河神对此很满意，因此平息了汹涌的河水，诸葛亮和他的士兵得以顺利渡河。叉烧包也是蒸包的一种，用面粉包上叉烧（烤猪肉）蒸制而成；肠粉也是蒸制而成，做法是用蒸好的薄薄一层米粉裹上肉末或是虾仁，裹好后，看起来确实有点像肠子的样子，肠粉拥有如丝绸般顺滑的口感，也是人们非常喜爱的饮茶食物，食用前浇上甜酱油，将其切成几段供大家享用。锅贴也是中国北方面点中的一种，用肉末和卷心菜做成馅料，裹进小麦面皮中，将面皮沿顶部弯折，入锅用少量油煎，面点底部炸至棕黄贴在锅上，因此得名锅贴。然而对于广东人来说，锅贴并不属于粤式点心。

＊ 竹制蒸屉中的各色点心

面点一般要蘸酱油和醋食用。

除面点外，其他的蒸制点心还包括豆豉排骨（梅子酱调味），蒸牛丸（用柑橘酱调味）等。还有些点心以其独特的嚼劲而非味道征服了食客，比如牛百叶和鸡脚。

深炸点心中包括春卷、炸芋球和咸水角。这些都是用糯米粉做成的面点，口味偏甜，馅料中有猪肉、虾米和各种蔬菜，加少量油让食材混合均匀，做成椭圆形后，两边捏紧成尖角，入油锅炸至金黄色，即可出锅。

烧鸭一类的烤肉也很受欢迎。

广东的烧鸭一般以半只或四分之一只作为一份，虽然做法多种多样，但最终都呈现出表皮酥脆、肉质鲜嫩的效果。端给客人之前，一般将烧鸭片好，但鸭子的骨头仍然保留下来，以呈现出全貌。烧鸭酱一般是偏甜的梅子酱，可以中和鸭子的油腻感。

鸡脚（又叫凤爪）很受人们欢迎，但对于西方人来说，这是一种十分陌生的味道。凤爪一般会将骨头剔除，炸好后，与豆豉一起蒸到入口即化后才出锅。

点心菜单中也有一些叫作"糕"的点心，其中有一种用白萝卜、芋头和菱角作为主要原材料的萝卜糕。做法是将白萝卜捣碎，加虾米、腊肠混合均匀，蒸熟切片后入油锅炸。

另外一些甜味点心可能受到了英国和葡萄牙的影响，比如芒果布丁和蛋挞，但也有一些传统的中国甜食，例如甜糯米裹上芝麻炸成的芝麻球等，这种食物在中国新年期间十分受欢迎。庆祝中秋佳节的传统食物是月饼，月饼有很多种类型，广东月饼多为莲蓉或红豆馅，月饼表面会压出代表好运的图案。

＊ 月饼和茶

　　茶本身的重要性也不言而喻,服务员一般会提前询问客人想要点哪种茶,常见的绿茶有龙井,乌龙茶有铁观音、普洱,花茶有菊花茶、玫瑰花茶和茉莉花茶等。

　　在茶楼和餐馆喝茶也有一些约定俗成的礼仪,礼貌的做法是第一个起身为大家倒茶,先为别人续茶再给自己续。广东人向倒茶的人表达感谢时,轻轻叩一下弯曲的食指(如果你是单身),或者轻轻叩一下食指和中指(如果你已婚),这个动作就像用手指鞠躬,广东人称为"手指叩头"。这个手势的含义据说是古代对帝王表达顺服,可以追溯到喜欢微服私访的乾隆皇帝时期。那时候,乾隆皇帝下江南游玩,和侍从一起走进一家茶馆,为了不泄露身份,乾隆为他的侍卫倒上茶,这对于侍卫来说简直是无上的荣耀。侍卫惊呆了,但如果他跪地叩头的话,皇帝的身份就会泄露,这时,其中一位侍卫用三根手指敲了敲桌子(一根手指代表头,另外两根手指代表两个手肘)代替磕头,聪明的皇帝立刻明白了他的意思。从此之后,这种手势就流传开来,现在则惯常用于喝茶时表达感谢。餐馆里声音嘈杂,再加上被倒茶的人可能正在和别人说话或是嘴里吃着东西,用手势表达要方便得多。如果想要添茶,应该把茶杯盖取下来放在一边,如果被服务的人不想添茶,他也可以挥挥手,礼貌地拒绝。

## 港式茶餐厅

　　茶楼的点心以中式为主,茶水也都是传统的中国茶。但从 20 世纪 50 年代开始,香港出现的另一种与茶有关的餐厅就没那么中式了。最初,西餐食物对于大多数香港人来说属于奢侈品,只有在顶级餐厅中才能吃到。二战以后,香港迅速成为国际化大都市,西化的香港中产阶级也可以享受各国食物。茶餐厅开始受到华人的喜爱,尤其是在香港、澳门、台湾以及广东的部分地区。茶餐厅将不同地区人群的口味进行了融合,为食客提供口味多样的美食。这里被认为能够吃到"便宜的西餐",有时被打趣成"加酱油的西餐"。茶餐厅的服务快捷高效,一般从早上七点营业到晚上十一点,体现了香港人快节奏的生活方式。

　　客人们一坐下,茶餐厅服务员就会给他们上茶,这种茶通常很淡,叫作清茶,是用便宜的红茶泡成的。茶本意是用来喝的,但客人习惯用茶来清洗餐具。茶餐厅最受欢迎的饮料是港式奶茶,源于英国殖民时期,英国人往红茶中加糖加奶的习惯影响了香港人。但茶餐厅也做了一些改变,他们会使用好几种红茶(每种红茶的配比属于商业机密),用淡牛奶取代普通牛奶,由客人自己加糖。这种饮料被叫作奶茶,以和传统的不加奶的中国茶区分开来。因为奶茶是装在一个看上去像丝袜的冲茶袋里冲泡,因此也被叫作丝袜奶茶。用冲茶袋过滤可以使得茶的口感更加丝滑,由于冲泡时间很长,茶水最终呈现出类似于肉色丝袜的深棕色。有些丝袜奶茶用炼乳来代替淡牛奶和糖,可以使得茶的口感更浓郁、更丝滑,这种茶也被叫作"茶走"。奶茶通常是冰的,但不用加冰块,茶餐厅的做法是将装好奶茶的玻璃杯插进一个冰桶中,这样既可以保持奶茶的冰爽,也不用担心融化的冰块冲淡了奶茶。

另一种源自香港的饮料是一种咖啡和茶的混合物，叫作"鸳鸯奶茶"。根据中医的说法，咖啡性热，茶性寒，两者混合在一起可以起到很好的中和作用。其他常见的饮料还有柠檬茶、咖啡和软饮。

茶餐厅食物种类非常丰富，经常见到茶餐厅的四面墙上都写满菜单，镜子上刻着菜单，每张餐台上的塑料支架里也插着菜单。食物从最简单的吐司到意大利的通心粉和千层面，再到蛋挞。法式吐司融合了香港特色，一种变体是表面炸至金黄的花生酱三明治，一种中间放入了沙嗲牛肉干，还有一种叫作咖椰的甜面包，是在两片吐司中间涂上椰子酱然后深炸而成。另外，还有香港三明治，大部分是用去边的白面包浅烘后，在中间加上鸡蛋、三文鱼、火腿或其他肉类。炒饭和炒面的形式更是不可胜数，甚至能用它做成汤。茶餐厅的一大特色是它的套餐，早餐、午餐、下午茶、晚餐都有套餐供食客选择，除此之外还有"营养套餐""方便套餐""即食套餐"和"厨师推荐套餐"。一般套餐中会包括汤、主食和饮料。从广东人对食物的称呼中也可以感受到诗意，比如鸡脚被叫作凤爪，而菠萝包之所以被叫作菠萝包是基于人们对面包形状的丰富联想。

近年来，香港的茶餐厅多已消失不见，这主要是因为土地资源匮乏导致房租不断上涨，茶餐厅渐渐被连锁快餐店取代了。

## ❁台湾茶艺

台湾地区是多种顶级茶叶的产地，其中乌龙茶以其无与伦比的风味世界闻名。最有名、也是最稀有的一种叫作东方美人茶（据说是在英国茶商将其献给伊丽莎白二世时女王赐予的名字），由于泡出的茶水呈现略带红色的金黄色泽，类似于香槟，再加上受到鉴赏家高度赞扬的口感，因此又得名台湾香槟。其他享有盛名的乌龙茶还有御茶乌龙、盛玺玉选乌龙、冻顶乌龙和一种稍微发酵过的茶——文山包种茶（茶叶闻上去有玫瑰或是茉莉的香气）。

台湾的地理位置、山区地貌和亚热带环境决定了这里是种植茶叶的上佳地点，但直到19世纪50年代中期，从福建来这里定居的人才将茶种带来，并开始大面积种植。

台湾的茶艺文化源远流长，茶馆、茶室也随处可见，对于钟爱饮茶的台湾人来说，茶已经构成了社会生活中必不可少的一部分，尤其是在商业谈判、婚礼和葬礼等重要场合。"进来喝杯茶吧"是标准的欢迎客人用语。台湾有专门的茶叶博物馆，用来举办茶叶大赛和其他与茶叶有关的庆祝活动。

台湾的茶艺有其独特之处，与中国大陆和日本类似，仪式需在宁静的环境中举行，每一个环节都需怀着极大的敬意。20世纪70年代，台湾出现了闻香杯，这种茶杯与普通茶杯不同，呈长条圆柱形，更能保存住茶的香味。闻香杯通常搭配一个小小的饮茶杯，这种组合的目的是更好地品味台湾乌龙茶的馥郁香气。

在台湾茶艺中，首先将闻香杯、饮茶杯和茶盅（带盖碗的茶碗）用热水淋暖，然后将茶叶在水中浸泡较短的时间，之后将茶水倒入闻香杯中，将茶杯倒扣在闻香杯上，整体呈现出蘑菇的形状，接着用大拇指和中指扣住两端迅速将杯子翻转过来，茶水进入饮茶杯中。将闻香杯拿起，闻茶的香气，边闻边搓手掌使得香气可以更好地散发出来，最后饮用饮茶杯中的茶水。

近些年来，很多人将其简化为泡茶时闻茶盅盖上的香味。许多台湾人仍然享受在茶馆里喝茶，这些茶馆能够帮助人们暂时忘却都市生活的忙碌喧嚣。台湾的茶馆一般建在有鱼池的中心花园中，人们可以在茶馆点上一壶上好的乌龙茶，和朋友喝茶聊天观鱼。茶馆的另一个功能是促进传统文化交流，很多茶馆里都挂着书法绘画作品，还有一些茶馆会举办传统戏曲表演。

台北的紫藤炉茶馆以上好的茶叶、悠久的历史和充满怀旧气息而闻名，这家茶室建于1920年的日本殖民时期，当时作为台湾总督府的官舍，1981年翻新为一家茶馆。茶馆的总体风格呈现为20世纪30年代的装修风格，为客人们提供了不同种类的乌龙茶、绿茶以及普洱茶，还有绿豆饼、椰子球、凤梨酥和茶渍杏干等各种与茶搭配的点心。

* 台中的无为草堂人文茶馆，茶馆的主旨是"无为若水，希言自然"。
* 茶馆围绕鱼塘而建，主体部分为木结构的双层楼阁。

台湾人对茶的喜爱催生出了另一种广受欢迎的饮料——珍珠奶茶。珍珠奶茶不仅走进了世界各地的华人聚集区，也走进了其他国家的文化中。珍珠奶茶出现于 20 世纪 80 年代，当时主要在校园外的茶摊售卖，作为学生们下课后解渴的饮品，一个充满创造力的茶摊老板为了满足小客人们的需要，往冰奶茶中添加各种果味调味料和独特 Q 弹口感的"珍珠"，然后充分摇晃茶杯使茶饮混合均匀至表面出现一层薄薄的泡泡。孩子们立刻爱上了这种新式冷饮，其他茶店老板也纷纷效仿。珍珠奶茶一般都装在透明塑料杯中，吸管比一般饮料的要粗一些，这样才能把珍珠吸上来。珍珠奶茶还有很多奇奇怪怪的别名，比如波霸奶茶、QQ 奶茶，在西方国家，被叫作"BooBoo"茶。

除了源自当地的珍珠奶茶广受台湾人喜爱之外，各种融合了不同饮食习惯的新型奶茶也大受欢迎，比如来自印度的藏红花和豆蔻、来自波斯的玫瑰水和来自墨西哥的木芙蓉。"珍珠"也有多种替代品，例如切成小方形、星形或条形的果冻；另一种珍珠奶茶的变体甚至可以不含有茶和咖啡，取而代之的是冰沙，这被称为雪花珍珠奶茶。珍珠奶茶的变化无穷无尽，毫无疑问，它将继续在世界各地被享用。

＊ 一系列五颜六色的珍珠奶茶

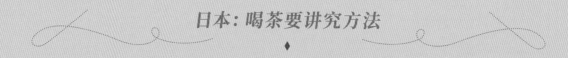

# 日本：喝茶要讲究方法

♦

日本人发展出了自己独特的饮茶仪式——茶の湯，在中国翻译成茶道，也就是"喝茶的方法"。

## 茶道

茶道在日本文化中占据了如此独特的位置要归功于禅宗，禅宗不仅发展出了饮茶仪式，也让这种仪式成为 8 至 9 世纪时佛教思想的一部分。那时的僧侣打坐前会在菩提达摩像前从公共碗里轮流饮用加入茶粉的茶。到了 15 世纪，禅宗僧侣村田珠光创造了"侘茶"，并成为首位茶艺大师。村田珠光在备茶和饮茶中注入了精神上的谦逊和安宁，这就像是一种对自然的诗意回应，表达了对自然的欣赏和珍惜。16 世纪，茶道宗师千利休将茶道的原则从村田珠光提倡的谨、敬、清、寂改成了和、敬、清、寂，并简化了茶道仪式，茶道仪式从此基本确定下来。茶道最基本的思想是通过泡茶和奉茶的仪式，获得内心的充盈。当被弟子问到茶道最重要的事时，千利休给出了茶道的七项守则：

> 点茶要能使入品时恰到好处；
>
> 炭的温度要能刚好可以沸水；
>
> 插花要能如同在原野绽放；
>
> 茶席要能冬暖夏凉；
>
> 赴约要提早；
>
> 就算不下雨也要备好雨伞；
>
> 对同席的客人要将心比心。

茶道对日本艺术的方方面面都产生了巨大影响，包括园林、插花、建筑、书法、漆器和陶瓷艺术。日本人在传统的日式园林中加上了特别打造的茶室。茶室的本意是简单和质朴，无需家具，只需摆上榻榻米，四面都是推拉隔窗，入口一般设计成只有 66 厘米高的小门（躙口），只有低首屈膝才能进入，以此来表达饮茶者无我的谦卑。室内必须有插花，并悬挂禅宗墨迹供人欣赏。食物必须是应季的，还应当呈现出季节之感。例如秋季的团子会做成栗子形状，而春天的米糕外形与竹笋相近。

日本第一家茶室是京都的银阁寺，建于 15 世纪，创立者是第八代将军足利义政，他晚年在此练习茶道。

茶道仪式分两种，一种是"茶会"，茶会仪式相对简单，持续时间一般不会超过一个小时。茶会一般饮用抹茶，为了中和抹茶的苦涩，日本人会食用被称作和菓子的甜点。

另一种叫作"茶事"，包括全套的茶道仪式，通常持续两到四小时。空腹饮用味道浓烈的抹茶（并非浸茶，而是用茶筅搅拌抹茶粉至产生泡沫，日本人称之为玉液之沫）是不可取的，因此在茶道仪式前先吃饭，这顿饭在日语中叫作茶怀石。

　　人们经过象征山道的曲曲折折的花园回廊到达举办茶道仪式的茶室，首先要食用茶怀石料理，先端上来的托盘里放着米饭、大酱汤、醋物或是生鱼片，主人为客人倒上清酒；然后上来的是煮物，根据季节的不同会配上不同的调料（清酒、酱油、蛋黄、姜和味噌），食用鱼和蔬菜的原则也十分重要；接着上来的是烧物（例如烤鱼）；接着有一道叫"寄放钵"的小菜，主要是用来"洗筷"；接下去的美食必须能够象征海陆食物的充足；然后会有一道"香物"，一般是用季节性的腌制蔬菜搭配盛在漆盒中的热米汤；最后，主人为大家奉上生菓子作为结束。茶怀石结束后，客人们游览花园，这使得主人在收拾好碗筷后还有时间能够准备好仪式的重头戏——茶道。茶道是一整套复杂精细的礼仪。主人需要精心挑选烹茶的用具、茶碗、室内装饰，务必确保一切和谐、低调、优美。

　　待主人备齐所有茶道器具时，放在茶室中间的风炭炉上的水也将要煮沸了。一切就绪后，主人邀请来客重新进入茶室，饮用抹茶。首先是用"厚茶"（一种颜色和气味都很浓厚的茶饼碾成的抹茶），这时主人逐一给每个客人奉茶，将茶碗洗净后，再给下一个客人奉茶。主人奉茶时，客人必须双手接杯，将茶杯从左到右旋转把玩两圈。茶水苦涩浓烈，客人需一饮而尽，然后向主人赞赏茶室的布置和茶具的精美。然后，主人为客人端上和菓子、奉上装在不同茶杯里的"薄茶"（茶水口味稍淡，其中加入的抹茶较少，表面有茶沫）。抹茶粉装在一个叫作茶枣（枣形的茶叶罐）的漆器盒子中，主人用特制的茶匙——茶杓将抹茶粉添入茶碗中，然后用竹篾大力搅拌至茶水呈现出宝石般的绿色，表面出现一层薄薄的泡沫。

\* 京都银阁寺

* 日本木刻版画《若水煮福茶》，葛饰北斋绘，1816 年。
* 版画中是参加茶会的两名女性和一名儿童，其中一人手中拿着茶壶。他们正准备用正月初
一清晨的水（若水）来煮庆贺新年的茶（福茶）。

\* 木刻版画《向岛之图（平井）》，歌川广重绘，1835—1837 年。

\* 这幅版画绘制的是平井茶室的外景，三名妇女正赏樱归来，两名男性试图吸引她们的注意。

* 四名日本商务男士正在参加茶道仪式

* 《女礼式之内·抹茶之部》，安达吟光绘，明治时代，1890 年。
* 一群女性穿着精致的和服参加茶道仪式。

## 和菓子

和菓子在日语中的含义类似于点心，日本人不只会在茶道时食用和菓子，在一天任何时候都可以伴着一杯绿茶享用和菓子。和菓子得名于日文とは（甜食）。最初，"とは"指代的是水果和坚果，包括柿子、栗子和日本肉豆蔻。从公元前10世纪到公元3世纪中期的弥生时代，日本人会在餐间食用这些点心，直到16世纪，日本人开始将其作为茶道仪式的甜点食用。

与葡萄牙和西班牙之间的贸易往来为日本带来了新的食物原料和食谱，也为和菓子提供了原材料。葡萄牙人钟爱糖，并将制造糖果的技术传到了世界各地，这就为日本传统零食由咸变甜创造了条件。

后来，和菓子的制作成为一门精致的艺术，在日本当时的首都京都尤其如此。和菓子象征了日本的美学和文化的精髓，而日本文学、绘画和纺织工艺的发展也为和菓子的设计提供了灵感。毫不夸张地说，和菓子象征着自然的隽永，带给了人们视觉的极致享受。无论是颜色还是味道，甚至包括将和菓子放进嘴里发出的声音都能带来愉悦。和菓子的名字多取自诗歌和俳句，意象中包括自然万物，如一朵花，一只动物。制作和菓子的原材料十分丰富（多用豆类和谷物），制作方法也多种多样（包括蒸、烤、煎炸等）。做好的和菓子香味扑鼻，形状精美，口感分软糯、润滑、松脆不一。点心师傅通过不停变换和菓子的颜色和形状，不断创造出新式和菓子。

大体说来，和菓子的种类包括生菓子、半生菓子和干菓子。生菓子一般比较湿润，用精制砂糖和高精米粉以及淀粉为原料，口感柔软清甜。生菓子的精致图案一般由手工雕成，象征了日本一年四季的自然风物——二月多梅花图案，三月多桃花，四月常见樱花；到了秋季，生菓子有些会做成金黄落叶、菊花或柿子的形状；到了冬天，会做成腊梅的样子。

从半生菓子、干菓子的名字就可以看出，它们与生菓子相比水分逐渐变少。干菓子是一种"干干"的甜点，将米粉做成面团后，用模具按成不同形状。干菓子最常用于茶道仪式，各种干甜点，比如太妃糖，都属于干菓子。在品尝和菓子，尤其是茶道仪式上的和菓子时，"赏"是其中很重要的一环。

## ❧ 喫茶店

尽管喝茶对于今日的年轻人来说过于老派，但很多日本人仍然习惯前往传统的喫茶店。

喫茶店的室内装饰仍是 20 世纪 50 至 70 年代中期的风格，其中一些装饰高雅复古，尽管略显老旧，但魅力依然。喫茶店在日本文化上占据着非常独特的地位，这里除了提供茶和咖啡，还提供多种日本料理，比如普通面包做成的老式三明治，典型的一种是炸肉排三明治；其他的日式洋食还有那不勒斯意面（意面加番茄汁、炒洋葱、火腿和去皮西红柿），蛋包饭和咖喱饭。除此之外，还包括深受几代日本人喜爱的日式西点，比如长崎蛋糕（海绵蛋糕的一种，16 世纪由葡萄牙引入日本，由于日本家庭里一般没有烤箱，长崎蛋糕更类似于一种蒸糕）和日式焦糖布丁。

喫茶店的消亡伴随着咖啡馆的兴起，由于二者之间的差异，这几乎是必然的。咖啡馆的现代装修和入时的菜单表明它比喫茶店更能适应现代世界，也更能吸引年轻人。喫茶店虽然也提供咖啡，但仍是老式的过滤咖啡，咖啡馆却有各种最新的咖啡，如受年轻人喜欢的意式浓缩、卡布奇诺和进口茶。

今天的日本人喜欢的茶大多是绿茶，以及一部分从锡兰和印度进口的红茶。绿茶多搭配日式茶杯，而红茶则大多用西式茶杯。

用来泡茶的茶包大多进口自英国，其中包括来自康沃尔郡的特利戈斯南庄园（Tregothnan）的茶叶，据说这个庄园出产的茶叶适合做调和茶。

\* 木刻版画复制品《东京赏樱季》，海伦·海德（Helen Hyde）绘，1914 年。

\* 画中描绘了东京樱花树下享受下午茶时光的人们。

# 韩国: 茶叶是一种恩赐

◆

韩国有着源远流长的饮茶文化, 善德女王统治时期 (632—647), 当时的新罗就已经从唐朝引入了绿茶, 但直到兴德王金秀升统治时期 (826—836), 遣唐使才从唐朝带回了茶树种子。国王命令将茶树种子种在智异山的温暖地带, 自此智异山成为韩国的主要茶树种植区。一开始, 只有王室、将军和高级僧侣一类的贵族才能享用茶叶。茶叶在韩国被视为一种恩赐, 人们可以通过喝茶来获得身心的平静。韩国人十分认可茶叶的药用功能, 因此只有在特殊场合或者接待尊贵的客人时才会拿出来喝。

## 茶艺

自从遣唐使从中国带来茶树种子, 茶艺哲学——也就是"茶道", 就逐渐发展了起来。饮茶是一种带有宗教色彩的活动, 可以助力喝茶的人获得高级的内心觉醒, 甚至完全的启示。佛教僧侣坚持每天三次向佛祖献茶, 也会用茶水招待寺庙的拜访者。因此, 寺庙周围的村落逐渐成为"茶村", 向寺庙供应僧侣们需要的茶叶。

Nak Tong. Corea.

\* 洛东江传教所外一同喝茶的韩国和西方妇女, 韩国首尔, 1910 年。
\* 西方妇女是来自福音传播协会的传教士。

在国家庆典中，茶发挥着举足轻重的作用，国家甚至成立了一个专门的机构——茶房，用来处理重要庆典活动中各种与茶有关的事项。王室成员发展出了高雅的饮茶仪式，如有国王和世子出席的茶会，则需要配乐。为了王室和宫廷官员们能够方便举办茶会和诗歌诵读活动，宫廷里修建了大量的凉亭和棚架；其他的贵族和官员也有自己饮茶的方式，与王室相比更为放松，一般会找一个风景如画的地方办茶话会，现场有歌舞表演、诗歌欣赏，有时还会有酒，人们会以当场作诗的形式来对茶进行颂扬。与饮茶有关的仪式后来逐渐发展成韩国的茶道，随之而来的是各种专门用于饮茶的器具，包括煮水用的火炉、茶碗、茶勺和茶壶。茶的种类和质量也逐渐提高，并发展出了水的评级方式。韩国茶道仪式中最重要的一点是寻求水与茶叶的平衡，韩国著名僧侣和茶道大师张意恂（1786—1866）写道："造（制茶）时精，藏时燥，泡时洁。精、燥、洁，茶道尽矣。"（此句为张意恂摘抄明代张源著《茶录》。）

### ❀茶食

韩国的茶道仪式中也有点心，韩语中称为茶食，用来中和茶的涩味。茶食是一种一口大小的食物，制作茶食的主要原材料是芝麻粉、绿豆淀粉、栗子粉、豆粉或松花粉等植物粉末，和蜂蜜搅拌均匀后倒入木质（或瓷质）茶食模具，压制成型并按上花朵图案，或是表达长寿、富足、健康、和平等愿望的汉字。茶食用五种不同的颜色——红、绿、黄、白、黑来代表五行，一般用花朵提取的天然染色剂，其中的松花粉是一种昂贵的染色剂，能将食物染成黄色。

另外几种在韩国颇受欢迎的茶实际上并不是真正的茶，比如用人参或生姜制成的药草茶，用枣、柚子、李子和木瓜等水果制成的果茶，以及大麦茶等谷类茶。五味子浆果茶是一种用五味子制成的果茶，其中的五味分别是酸、甜、苦、咸、辛，人们喜欢这种茶的原因是它的药用价值。大麦茶是将大麦炒制后再经过沸煮而得，这是一种最为常见的佐餐饮料，冷饮热饮均可。

尽管在近些年，韩国也开始流行咖啡文化，但首尔、北村和仁寺洞仍有数不清的茶室为客人们提供种类多样的茶和各类小吃，比如南瓜蛋糕和红豆汤等。仁寺洞最有名的茶室之一是在韩国传统的茶屋内经营的茶室——传统茶园，菜单上可以见到各种茶，以及配茶的韩国传统小吃——各色打糕（米糕）和油果（油炸甜米糕）。

Chinese Tea Leaf

Japanese Tea Leaf

Chinese
Tea Plant
and Flowers

Ceylon Tea Leaf

Seeds

India Tea Leaf

Chapter Eight

第八章

*Other Teatimes from
Around the World*

世界其他地区

　　饮茶的风俗习惯、喝茶的时间以及泡茶的方式在世界各地各不相同。随着茶叶从东方世界逐渐传播到西方世界，饮茶习惯表现出的形式也多种多样，与喝茶仪式有关的其他传统也各有区别。我将会在最后一章中带领大家大致了解世界其他地方（非洲、印度尼西亚以及南美）的人们是如何喝茶的。

# 北非: 一次要喝上三杯薄荷调味茶

◆

北非并不产茶，关于摩洛哥这个北非国家的喝茶历史也未有定论。约翰·格里菲思（John Griffiths）在《茶：一种改变了世界的饮品》（*Tea: The Drink That Changed the World*，2007）中复述了这样一个故事：1854年，载有绿茶的英国商船本意是前往斯堪的纳维亚半岛，却被波罗的海国家拒绝靠岸，投靠无门的英国船队只好临时寻找其他的茶叶市场，最终在摩洛哥的港口靠岸，他们想办法将茶叶卖给了摩洛哥人。茶叶立刻征服了几个世纪以来一直喝着草药茶的摩洛哥人，他们还发明出了独特的薄荷调味茶。很多摩洛哥人认为留兰香是唯一一种可以在喝茶时用来调味的薄荷。

在茶水中加薄荷叶的习惯从摩洛哥传到了阿尔及利亚、突尼斯、利比亚，又传到了撒哈拉沙漠中的柏柏尔族和图阿雷格族游牧部落。除了薄荷绿茶，他们有时也会在泡得浓浓的加糖红茶里放入薄荷。在埃及，绿茶算是一个新鲜玩意儿，人们还是更钟爱红茶。埃及的咖啡馆里也有各种凉茶和花草茶售卖。

薄荷调味茶在炎热的天气里格外清爽，因此在伊拉克这些阿拉伯国家也非常受欢迎。在阿拉伯的宴会上，茶通常会被最后端上。在海湾国家，有时会用一种口味清淡、加入藏红花的茶水来招待客人。不同地区的人们喜好各有不同，在茶水中加入的香料或草药也有所不同，常见的还有肉桂和晒干的青柠片等等。

摩洛哥人将泡茶叫作西比娜娜(shai bil nana, 茶叶和薄荷)，这是一项充满仪式感和艺术性的活动。泡茶通常只能由一家之主来完成，由他将绿茶茶叶放入精致雕花的银质茶壶中。茶中加入一块蔗糖和一把薄荷，然后倒入滚水浸泡一段时间。最具有艺术性的环节是倒茶时必须将茶壶举到高处，并将茶水准确注入摆放在银制茶托上色彩鲜艳的小玻璃杯中，至茶杯表面形成一层泡沫，摩洛哥人称之为克什库沙（keshkusha）。

摩洛哥人的习惯是一次喝三杯。茶叶在水中浸泡的时间不同，给茶水带来了独特的风味，正如著名的马格里比谚语所说的：

第一杯，犹如生活苦涩；第二杯，犹如爱情浓郁；第三杯，犹如死亡轻柔。

\* 装在精美茶杯中的摩纳哥薄荷茶，配上各种点心和椰枣。

## 东非：既喝咖啡也喝茶

尽管埃塞俄比亚是咖啡豆大国，咖啡是人们的主要饮料，但茶仍然贯穿着埃塞俄比亚人的一天，他们一般用香料全麦面包或是油炸点心配茶。

肯尼亚是东非主要的茶叶出口国，大部分茶叶都出口到了英国。尽管这里的下午茶习惯是英国殖民时期的遗产，加糖加奶（有时也会加肉桂、小豆蔻和姜调味）的印度茶却获得了大多数当地人的喜爱。

乌干达也是主要的茶叶出口国，茶是这里最重要的饮料。乌干达的饮茶习惯受到英国、东印度和阿拉伯的影响，富裕的乌干达人会像英国人一样用瓷制茶杯和茶碟喝加糖加奶的英式茶，乌干达的印度裔居民习惯饮用印度奶茶，还有一部分乌干达人习惯在红茶中加入大量的糖，这显然是受到了阿拉伯人的影响。在喝茶时，常见的小吃有咖喱角、花生和面包。

# 印度尼西亚：茶是水的替代品

◆

印度尼西亚茶叶的主要特点是味道清淡，香气浓郁，其中品质最好的茶叶一般加工成调制茶或茶包后出口到日本、北美和欧洲。

印度尼西亚的饮茶习惯因地域不同而不同，有些地区的人喜欢喝不加糖的苦茶（teh pahit），但是在蔗糖种植园遍布的爪哇岛，人们喜欢喝加糖的茶（teh manis）。本地人把加牛奶或炼乳的茶叫作苏苏茶（teh susu）。印度尼西亚人的喝茶时间并不固定，一天中的任何时间都可以是饮茶时间，很多餐馆会为客人提供免费茶水。从某种意义上来说，茶实际上是水的替代品，这是因为当地的饮用水质量很差，人们出于健康考虑，会在水中加入茶叶煮沸饮用。在火车站或公交中转站这种人流密集的公共场所，小贩们随街叫卖甜茶或是加糖冰茶（teh es），后者在炎热的天气中非常受欢迎。在印度尼西亚人家中，下午四点半左右是配着点心喝点下午茶的时间，各种类型的米糕都颇受青睐，其中有加香蕉的蒸糕（nagasari）、卷着椰丝的椰丝球（ondé ondé），炸香蕉（pisang goring）、木薯渣糕（ongol-ongol，甜西米卷配糖浆）以及斑斓班戟（dadar guling，香兰叶卷甜椰肉）也都是下午茶时喜欢的点心。

# 南美洲：产茶但不喝茶

◆

尽管现在很多南美国家都出产茶叶，但茶并不是普遍的饮品。巴西作为全世界最大的咖啡豆生产国，基本以喝咖啡为主。从 20 世纪 70 年代开始，饮茶的风气才在南美的中产阶级间流行开来，巴西的各大主要城市开始出现茶馆（casa de cha），女人们可以在茶馆与朋友聚会，一起享受喝茶吃点心的时间，冰茶和绿茶比较受欢迎。在安第斯山脉另一侧，智利人早在 19 世纪就已经从来当地开采硝石矿的英国人那里延续了下午茶的习惯，时间通常在下午四点到八点之间。下午茶可以简单到只是一杯茶加一片饼干，也有些下午茶会有一些制作复杂的食物，例如烤猪仔包，由一对连在一起的软面包卷组成，软面包卷上可以涂抹黄油、牛油果泥、果酱、奶酪或焦糖牛奶酱（dulce de leche）；智利炸面团（sopaipillas），可以在面团上加上牛油果酱、奶酪、焦糖牛奶酱或糖炒面糊（chancaca）；传统智利华夫饼（Chilenitos）的内馅是焦糖牛奶酱、焦糖，表面撒有糖霜。

外出饮茶也是很常见的事，咖啡馆在智利的大城小镇林立，朋友们在那里谈天说地，谈古论今，一起喝完那杯好茶。

**※延伸阅读：巴塔哥尼亚的下午茶**

威尔士人把下午茶习惯带到了南美大陆的南端——巴塔哥尼亚，影响了在此地居住的阿根廷人和智利人。1865 年，153 名威尔士男女老少在利物浦登上了"含羞草号"（Mimosa）轮船，跋涉八千英里来到这里。他们在英国受到文化和宗教迫害，殷切希望找到一个新的家园，可以按照威尔士的方式信仰上帝，可以说威尔士语言，保留威尔士的民族性。经过八周的航行，他们终于在巴塔哥尼亚东北部的新湾登陆。然而，出现在他们眼前的并不是期望中如威尔士般肥沃的土地，而是一片贫瘠而荒凉的草原。他们忍受着寒冷入骨的冬季、洪水、歉收、缺水、食物短缺、木材短缺无法盖房等各种问题，终于在丘布特山谷建立起了一个殖民地，靠着自建的灌溉系统和水源管理，最早的这一小批威尔士人在此地坚韧地生存着。在 150 多年后的今天，这个巴塔哥尼亚的小小角落已经有超过五万名威尔士后裔。在威尔士人聚居的盖曼镇，最独特的风景就是那些传统的威尔士茶室。这些威尔士茶室能够提供上乘的下午茶以及加坚果、蜜饯、糖蜜、香料和酒精做成的味道浓郁的水果蛋糕。其他的特色茶点还有巴塔哥尼亚奶油挞以及巴塔哥尼亚胡萝卜布丁，除此之外，菜单上还会有威尔士酵母面包（bara brith）、各种甜咸司康、热黄油吐司、家庭自制果酱和果脯，以及必不可少的一壶好茶。

出品

地球旅馆

捧读文化

触及身心的阅读

全国总经销

出品人　张进步　程　碧

特约编辑　孟令堃

装帧设计　陈旭麟 @AllenChan_cxl

新浪微博

微信公众号

出版投稿、合作交流，请发邮件至：innearth@foxmail.com

了解新书，图书邮购、团购、采购等，请联系发行电话：010-85805570